U0711006

每天幸福一点点

文娟 编著

吉林文史出版社
JILIN WENSHI CHUBANSHE

图书在版编目（CIP）数据

每天幸福一点点 / 文娟编著. -- 长春：吉林文史出版社，2017.5
（2018.1重印）

ISBN 978-7-5472-4066-3

Ⅰ.①每… Ⅱ.①文… Ⅲ.①幸福－通俗读物 Ⅳ.①B82-49

中国版本图书馆CIP数据核字(2017)第091324号

每天幸福一点点
MEITIAN XINGFU YIDIANDIAN

出 版 人　孙建军
编 著 者　文　娟
责任编辑　于　涉　董　芳
责任校对　薛　雨
封面设计　韩立强
出版发行　吉林文史出版社有限责任公司（长春市人民大街4646号）
　　　　　www.jlws.com.cn
印　　刷　天津海德伟业印务有限公司
版　　次　2017年5月第1版　　2018年1月第2次印刷
开　　本　640mm×920mm　　16开
字　　数　202千
印　　张　16
书　　号　ISBN 978-7-5472-4066-3
定　　价　45.00元

前　言

　　幸福是什么？

　　千百年来，古今中外的智者哲人或是平民百姓都试图给这一问题找到一个完美的答案。亚里士多德曾说："幸福主要是灵魂的善，但是应该有肉体的、外在的善来做补充。"譬如说高贵的出身、漂亮的外貌、众多的子孙这都是幸福的重要条件。德谟克利特认为："使人幸福的不是体力，也不是金钱，而是正义和多才。""当你能够感觉你愿意感觉的东西，能够说出你所感觉到的东西的时候，这是非常幸福的时候。"这是塔西伦的幸福观。而费尔巴哈却说："生命本身就是幸福。"

　　我国的儒家经典名著《尚书》将幸福总结为"五福"，即长寿、富足、康健平安、美德、善终正寝，但首推美德；而道家认为应顺应自然、回归自然，欲望是导致人类不幸的源泉，要"知足常乐"才能获得幸福的生活；佛教则将幸福寄托于来世，寄托于超越世俗的极乐世界。可以看出，无论是儒家、释家还是道家，都强调幸福主要是内在精神的自我修行，而非外在物质条件的追求。虽然人们对于幸福的定义不能达成一致意见，但却很少有人会大胆声称幸福对其无关紧要。有一项关于人们对于幸福重要性看法的调查数据表明：有69％的人认为幸福是最重要的，只有2％的人说他们从来没有考虑过幸福有多重要。由此可见，幸福是绝大多数人们所追求的终极目标之一。

　　人们急急奔走在追寻幸福的路上，但也因为对幸福的理解不同，有些人不知不觉中走入了幸福的误区。有的人追求金钱，认为富甲天下是最大的幸福；有的人追求地位，认为权倾一方是最大的幸福；有的人追求名誉，认为"天下谁人不识"是最大的幸福……人们在热衷于追求这些的过程中，有些人甚至不择手段，将自己的成功建立在他人的痛苦之上，这样，即使他们最终达到了目的，也是到了最后才发现，其实自己并没有得到想象中的幸福。

在市场经济条件下，人们有了比以往更为优越的物质生活条件，但有越来越多的人感觉不到幸福。出现这种现象的原因有很多，但过分追求物质条件与欲望的满足是主要原因之一。是的，我们并不否认物质条件是实现幸福生活的条件之一，但是要确定的是，物质条件并不是幸福的全部内容，不是衡量幸福的唯一标准。美国第三十二届总统罗斯福认为："幸福不在于拥有金钱，而在于获得成就时的喜悦以及产生创造力的激情。"是的，幸福包括物质和精神满足两方面，但是后者更为重要。

有人说，这个世界上并不缺少美，而是缺少发现美的眼睛。同样，我们的生活并非不幸福，而是缺少感知。幸福需要我们用心去体会，用生命去体察。读懂幸福，你会发现：幸福其实很简单，它存在于你生活中的每一个角落、每一个瞬间；它平凡得招之即来，随手可拾。其实，幸福没有统一的标准，幸福只在我们的感知当中。它就好像一道门槛，其高低与否完全取决于你自己。当你对自己所拥有的一切感觉不到幸福的时候，或许在他人眼里就是一种幸福。而在不同环境里的人，对幸福的感受也不一样。但对所有人而言有一点是共通的，那就是幸福只掌握在自己手中，而不是在别人的眼中——因为幸福不是给别人看的，与别人无关。

很多人苦于为生计而奔波，历经生活的磨难，活得很累，感受不到自己想象中的那种幸福，于是，抱怨、颓废，甚至中断自己的人生历程等种种行为便接踵而至。殊不知，没有苦难我们就感觉不到生活的甘美；没有挫折，就不会有成功的眷顾。

就像大海，如果没有了巨浪的汹涌，就会失去其雄壮；就像维纳斯，如果没有断臂，世人就体会不到那种残缺的美；就像沙漠，如果不是飞沙的狂舞，就领略不到它的壮观。因此，在漫长而又艰辛的人生旅途中，不要幻想生活的四季都是春天，而应保持一颗追求快乐的心灵去感悟幸福，保持一颗满足心、平常心和童心去体味幸福。只有这样，我们才能得到心灵的满足、幸福的眷顾；只有这样，我们才能体会幸福的味道，我们的每一天才能因此而美好。

幸福是一种心灵的触摸。幸福不是孜孜以求得来的，不是费尽心机夺来的，不是出手阔绰换来的，它在内心平和的人生态度中，它在无欲无求的生活观念中。幸福是一种感觉，它不取决于人们的生活状态，而取决于人们的心态。幸福在于心境。如果每天看到、想到的都是生活中的负面因素，又怎么能够快乐起来呢？只有事事都退一步想，才能为自己营造出宽松的心境，才能活得开心，活得潇洒，活得快乐。

其实，幸福是一种感觉，是一种愉悦、知足、淡定的心境。有父母的守护是一种幸福；烦了，靠一靠恋人的臂膀是一种幸福；累了，有爱人端来的一杯清茶是一种幸福；苦了，听朋友一句温软的话语是一种幸福；看着孩子身心健康、快乐长大是一种幸福；看着儿孙绕膝是一种幸福……人生就是一次旅行，放缓自己的脚步，卸下沉重的行囊，看朝阳东升、夕阳西下，听小鸟啾啾、蝉声阵阵，同时，保持内心宁静，用心体会平淡，珍惜自己拥有的一切，用感恩的心善待他人，幸福就会悄然而至。

幸福，需要我们去发现；幸福，需要我们去认识；幸福，需要我们去创造；幸福，需要我们去拥抱。幸福是每个人永恒的梦想和追求。追求幸福并非我们所想象的那么困难，只要我们以一颗充实、乐观、积极、善意的心面对一切，那我们的每一天都是快乐而幸福的。

目 录

上篇 幸福是什么——还原幸福的真相

中篇 如何获得幸福——推开遮蔽
幸福的屏障，与幸福不期而遇

下篇 如何保持幸福——用对方法，
打一场幸福的持久战

上篇

幸福是什么
——还原幸福的真相

第一章　破解幸福的密码
——关于幸福，你所不知道的

叩问幸福是什么

幸福是什么？"幸福是舒畅的境遇和生活""幸福是物质、精神、情感的复合体"。但在每个人心目中幸福的定义又有各自个性鲜明、千差万别的答案。

幸福像一个万花筒，一百个人可能有一百种不同的幸福观。有人将锦衣玉食、宝马香车、高官厚禄视为幸福；有人把粗茶淡饭、家庭和睦、平平安安视为幸福；有人把放下当成幸福；有人把占有当成幸福；有人把履行职责视为幸福；有人把无官一身轻视为幸福；有人说被别人伺候着就是幸福；有人说幸福是为别人奔忙……初步归纳梳理，大致有以下几种不同的说法，可供讨论，不求统一。

德国学者莱辛说："幸福存在于追求理想的过程中。"追求崇高的理想，就有了崇高的人生境界，就有了崇高品位的人生。尽管不一定每个人都能实现人生理想，但追求过、奋斗过、拼搏过就是幸福。所以马克思说："斗争就是幸福。""只要希望尚存，就有幸福到来。"

心理学家佛罗姆说："幸福是一个人创造心灵所带来的结果，是一个人在思想上、情感上以及行为上的一切创造性活动所带来的喜悦心情。"

英国哲学家罗素说："幸福的生活在很大程度上，必定是一种宁静。安逸的生活，因为只有在宁静的气氛中，真正的快乐幸福才得以存在。"如在风景如画的宜居小镇，身边一缕清风，窗外一弯明月，路旁一曲轻歌，亲友一声问候，都会让你感到安静、舒适、快乐。试问，如果一个人经常颠沛流离，心忧如焚，神不守舍，谈何幸福？

还有人认为幸福是美德结出的硕果，"他为人民谋幸福"，是领袖的幸福；"为官一任，造福一方"，是领导干部的幸福；"先天下之忧而忧，后天下之乐而乐"，是仁人志士的幸福。

《人民日报》的《人民论坛》栏目曾有两篇论"幸福"的文章，对幸福的理解又有了一些现实感。一篇是《静观幸福热》。作者认为幸福是一个物质、精神、情感的复合体。一个人要幸福，离不开物质享受、精神追求和情感支持。这三个方面依时代、环境不同各有不同的标准。作者呼吁社会都来关心那些还不够幸福的弱势群体，包括全国还有 1.5 亿贫困人口。工薪族收入偏低者，在物质上不幸福；社会就业难，找不到工作的大学生，无固定职业不幸福；部分人员虽已脱贫，但仍感到种种不公正，情感上不幸福；学生负担过重，两亿中、小学生一起"忙"考试不幸福；进入老龄社会，空巢老人门倚黄昏，精神寄托上不幸福；改革尚有许多未竟夙愿，忧国之士，心急情迫，不幸福。另一篇是《求解"幸福"的方程式》。作者列举了四个幸福方程式：幸福＝个性＋需要＋生存状态，这是科学家的方程式；幸福＝效用/欲望，这是经济学家的方程式；幸福＝感恩＋知足，这是社会学家的方程式；幸福＝幸福指数"加减乘除"，这是老百姓的幸福方程式。

给幸福来个拆字游戏

"幸福"一词是个很有意思的词，在寻找到幸福之前让我们来给幸福做个拆字游戏吧！

幸：即为"土"和"¥"，"土"代表房子；"¥"则表示金钱。

福：即一人一口田，也就是每个人都要有吃的，还要有衣服穿。

幸福就是一家人有房子住、有钱花，丰衣足食，就是幸福。

由此可见，古人在造字时对"幸福"的理解就是有地方住、有东西吃、有钱花，这就够了，并不是要求腰缠万贯。现在，很多人都能丰衣足食，即便没有自己的房产，也可以选择租房，不至于衣不蔽体，流落街头。当然，富有的你可以购买"宝马"、钻石，带着家人去高档餐厅进餐，享受别人的服务，感受人生的幸福，但还有一种无需花费多少钱就能拥有的幸福，那就是一家人和和睦睦、彼此关爱地生活在同一个屋檐下。

在生活中，有些人总是理所当然地认为只有拥有金钱才能拥有无限的幸福，只有物质生活富足了，才能拥有富足的精神生活。可是，有许多有钱人并没有富足的精神生活，他们身心疲惫，茕茕孑立。相反，有不少穷人虽然不能体会到奢侈的生活，但却觉得自己很幸福，这些人的情感世界并不空虚，精神食粮也不匮乏。

当我们的内心被快乐浇灌时，即使不富有，也不会因此难过。当我们的心中溢满不快时，即使日进斗金，腰缠万贯，也无法体会到什么是真正的开心。所以，是否开心和幸福，不是取决于拥有金钱的多少，而是取决于我们的心态。

幸福不是给别人看的，这与别人无关，重要的是自己心中充满快乐的阳光，也就是说，幸福掌握在自己手中，而不是在别人眼中。幸福是一种感觉，这种感觉应该是愉快的，使人心情舒畅，甜蜜快乐的。

贫穷只能制约物质生活，却不能束缚我们的内心感觉，更无法剥夺我们的快乐。

我们还可以对"幸福"二字有更深的理解：它不仅仅局限于古人所说的有家、房子和金钱，而是要爱家、爱孩子，一家人快快乐乐地生活在一起，这才是最简单、最真实的幸福。正如龙应台在自己的文章中所写：幸福就是，寻常的日子依旧。水果摊上仍旧有最普通的香蕉。市场里仍旧有一笼一笼肥胖的活鸡。花店里仍旧摆出水仙和银柳，水仙仍然香得浓郁，银柳仍然含着毛茸茸的苞。俗气无比、大红大绿的金橘和牡丹一盆一盆摆满了骑楼，仍旧大红大绿、俗气无比。银行和邮局仍旧开着，让你寄红包和情书到远方……

幸福并不是金钱和房产的代名词。有钱但是没有人和你一起分享，那能叫幸福吗？回到家中面对偌大的一所空房子，没有温馨的灯光，没有甜甜的笑语，没有温暖的双手，那能叫幸福吗？

其实，幸福很简单。在春暖花开的季节，或是清风送爽的金秋，你和家人一起或是朋友结伴，走出户外，来一次假日的郊游，享受大自然带给你的美丽、芬芳。吸一口新鲜的空气，忘却都市的喧嚣，卸去一身的疲惫……幸福就是这样一种轻松的感觉，与房子无关，与金钱也无关！

幸福的本质和内涵

从古到今，每个人都在追求幸福、渴望幸福，然而，什么是幸福？怎样对幸福的内涵、本质作合理的解释？关于这个问题，古今中外的思想家、哲学家都有不同的看法。

苏格拉底说："有理性和智慧就是幸福。"

伊壁鸠鲁说："'灵魂无纷扰'才是幸福。"

德谟克利特说："获得感官快乐就是幸福。"

赫拉克利特说："如果幸福在于肉体的快感，那么应当说，牛找到草吃的时候就是幸福的。"

犬儒学派说："禁欲就是幸福。"

人文主义者说："纵欲才是幸福。"

杜威说:"幸福只存在于成功中。"

萨特说:"幸福是绝对自由。"

弗洛姆说:"幸福是一种高度的活力。"

康德说:"幸福就是'至善'。"

随着马克思主义的诞生,在其历史唯物主义的指导下,人们对幸福的认识日趋科学。综合学者们对幸福的论述,赋予幸福这样的内涵:人们在一定的社会历史条件下和社会经济关系中,设定自己的理想、目标和需要、欲望,通过实践活动,达到预定的效果,获得身心的体验和满足,这就是幸福。

上述观点,从人类感知的层面上阐释了人们对幸福的理解。而真正影响人们树立幸福观的是幸福的本质,认识幸福的本质是树立幸福观的前提。对幸福的本质有怎样的认识,就会树立怎样的幸福观,就会采取怎样的行动去追求幸福。比如相信"天官赐福",认为幸福来自"天官"的"恩赐",就是一种幸福观,当然也是错误的幸福观。只有以辩证唯物主义和历史唯物主义为指导,探求幸福的本质,才有了科学地揭示幸福的本质、树立正确的幸福观的可能,以利于引导人们更好地追求幸福。

首先,从同类对比的方面来说,根据马克思主义矛盾论,万事万物是相对立而存在的,幸福的对立面就是不幸,幸福只有相对不幸而存在,因此可以说当不幸消失的那一天,也就是幸福消亡的时刻。同时由于人类是群居动物,这就决定了内心感觉的参照来源于同类的状况,我们会经常听到古人说"不患寡而患不均"也就是这个道理的布政应用,与此类似的边远部落首领的幸福感很高,当文明世界的物质精神信息涌入其生活时,普遍情况下其幸福感就会急剧降低。

其次,内心认同是决定幸福感状态的另一个原因。当人类个体处于同类对比的两端时(极好或极差),其参照系样本急剧减少,向上看暗无天日或向下看一览群山会导致其内心的平衡状态发生改变,这时普遍的做法就是寻找新的自我认同。自我认同向两个方向发展，一是扩大同类参照样本，因此才会出现"天下穷人是一家"或"官官相护，一丘之貉"这样的群体性心理认同；二是寻求自我和本我的认同，一旦人类个体达到这个状态，内心和外在的两个半圆就实现了对接，个体到达新的平衡循环状态，这种状态下人的内心是强大而平和的，但在极端情况下其精神力量就发展到相当强悍和可怕的程度，这样的人或群体要么取得极大成功，要么就会失败。

综上所述，人类幸福的本质就是人们对内心愿望的满足感和认同感。这种感觉来自同类对比和内心认同。

对幸福的三个基本认定

也许我们都听过富翁和乞丐关于"幸福"的对话。

一个富翁碰到一个在路边晒太阳的乞丐，突发善心，想帮助乞丐，就走过去问乞丐："你想得到一笔钱吗？"谁知乞丐的回答很出乎富翁所料，说："不想！"富翁惊讶地问道："为什么不想？"乞丐回答："我要那么多钱干什么？"富翁说："有了很多的钱，你就可以娶老婆，生儿子呀！"乞丐问："娶老婆，生儿子又干什么？"富翁说："那你就会幸福呀！你就可以吃饱后晒太阳啊！"乞丐问富翁："那我现在在干什么呢？"

很有意思的对话。可是笑过之后，谁也不能确定富翁与乞丐的答案哪一个才是正确的，即便是与心理学家商榷，这两个答案都符合心理学对幸福的定义，只是角度不同而已。心理学家通过对人类幸福的考察，发现人们的幸福观表现为三个不同的取向：生活质量意义上的幸福、心理健康意义上的幸福和自我价值感的认定。这三个方面虽有交叉，但从不同的角度对幸福的定义进行了确定，能够很好地帮助我们认知幸福到底是什么。

生活质量意义上的幸福感研究者，一般将幸福感界定为人们依据自己对生活物质的渴求标准来对幸福进行评定，这也就是富翁的幸福观。在他们看来，一个人是否幸福，关键在于他对自己的生活是否满意以及满意的程度如何。这种观点的产生是受了经济学家关于生活质量考察的影响。

第二次世界大战以后，以美国为代表的西方发达国家的经济得到了迅猛的发展，社会物质生活水平从整体上在不断提高，人类曾梦寐以求的"丰裕社会"似乎正成为现实。然而，与此同时，人们的心理体验问题却凸现出来。为此，经济学家提出了"生活质量"的概念，强调无形的精神生活水平对人的生存与发展的意义。

心理学研究者在此基础上提出了采用幸福感作为反映生活质量的指标，由此而发展了生活质量意义上的幸福感研究。

与那个富翁相反，那个乞丐摆脱了对物质生活的迷恋和膜拜，认为物质并非是幸福的来源，幸福来源于自己心灵上的感知，他是个典型的心理健康意义上的幸福感代表者。

心理健康意义上的幸福感研究，是幸福感研究的另一个重要取向，这个取向与积极心理学的发展密切相关。熟知心理学发展历史的人都知道，自诞生之日起，心理学在社会生活中产生影响的最重要方面，莫过于心理诊断与心理治疗。这使得很多人对心理学产生了很大偏见，认为心理学所关注的重点是非正常人的心理与行为和正常人不健康的心理与行为，而对正常人如何适应和应付生活、如何获得人生幸福关注不够。

积极心理学的发展为心理学正了名，或者说延伸了心理学的研究范围，使心理学能够在人们正常生活的基础上帮助人们更好地适应与应对生活。积极心理学研究者的努力，被称之为心理健康意义上的幸福感研究。这项研究有一个重要假定：一个人是否幸福首先在于其是否拥有心理健康，而心理健康的重要标志之一是能否获得情感上的平衡。因此，如果一个人所体验的正向情绪（比如快乐）比负向情绪（比如痛苦）多，那他就会感到更幸福。也就是说，幸福感在很大程度上取决于人们在特定条件下所体验到的正向情绪。

心理学对幸福研究的第三种取向是人们自我价值感的认定。这种研究取向的确立，有着极其浓重的哲学意味。西方哲学史上对幸福感有着较为完善的认证，古希腊哲学家亚里士多德称"幸福就是灵魂的一种合乎德性的现实活动"，开启了西方哲学史上完善论述幸福观的先河。后来，一些心理学研究者在生活质量意义上的幸福感研究基础上，创造性地吸收了哲学成果，对幸福的含义进行了新的阐释。他们认为，幸福不仅仅意味着因物质条件的满足而获得快乐，还包含了通过充分发挥自身潜能而达到的完美体验。

通过人们自我价值感的认定来研究幸福感，自我决定理论是其重要的理论研究基础。该理论是一种关于人类自我决定行为的动机过程理论，认为人是积极的有机体，具有先天的心理成长和发展潜能。

自我决定就是一种关于经验选择的潜能，是在充分认识个人需要和环境信息的基础上，个体对行动所作出的自由选择。自我决定的潜能可以引导人们从事感兴趣的有益于能力发展的活动。按照自我决定理论的解释，人们能否体验到幸福，取决于那些与人们的自我实现需要密切相关的基本需要的满足情况。因此，幸福感更多地表现为一种价值感，它从深层次体现了人们对人生目的与价值的追问。

幸福的衡量标准

衡量幸福，按照中国人的习惯标准，那就是物质生活水平。

其实，幸福与物质有关，也与物质无关。正如有人说的那样：幸福属于皮肤科，是有痛痒、知冷暖的感觉。经过学者们的加减乘除，衍生出很多分支，叫"幸福指数"，具体为一堆看得见的物质装备：房子、车子、票子。幸福成了欣赏物，需要视觉功能，归于眼科了。这当然是一种玩笑，却折射出当今社会对幸福的另一种解读。我们是选择在"宝马"车里哭，还是选择坐在自行车后面笑，这只是个人对生活的态度，是否幸福只有当事者自己知道。

中秋节将至，吴先生的侄女从外地带来一些珍贵的鲜鲍鱼，一家人满含期待等鲍鱼端上餐桌，结果品尝后一致认为，原来鲍鱼和河蚌的味道一样。

虽然故事有点讽刺的味道，但我们在大笑之余可以深深地体会到：在某些时候，鲍鱼和河蚌的幸福指数完全可以画上等号。幸福的含量与生活水平不对等，有时甚至不沾边。为金钱而奔波，为财富所苦所累，则与幸福无缘。

根据调查，美国一些人对幸福是这样期望的："工资虽然低一些，但是生活环境要优美，活动的场所要多而好，物价低，又安全，所以大家过得开心又放心。"由此看来，优美的自然环境，干净安全的食品，设施齐全的生活环境，是每个人对幸福生活的基本认定。幸福也是一种对美好事物和人生目标的超越，尽管有时我们付出的很多，得到的很少，但幸福从来没有远离过我们，它就在我们身边，在生活中最不起眼的地方，等待着我们用心去发现。发现的过程，就是感受幸福的过程。

英国诗人拜伦有一则轶事：

有一年春天，他看见一位盲人在街上乞讨，旁边立着一个牌子，写着："自幼失明，沿街乞讨，没有幸福。"即便如此，用来盛放钱币的盆里却没有多少钱。拜伦在同情之余，马上给他改了几个字："春天来了，我看不见！"世上哪里还有比看不见春天更痛苦的事情呢？路人见了纷纷慷慨解囊。

对于生活在黑暗中的盲人，幸福就是可以看见美丽的春天。

中国人常说一句话，叫"知足常乐"。"知足常乐"是大哲学，但往往被视为劝人不思进取。能进、能退、能守，这才叫生存，否则就是深渊。就人的欲望而言，"知足"可以说是智勇双全。人们崇拜金钱，崇拜进取，也要崇拜知足。知足更理智，更有自我意识。知足才知道幸福。

对于老百姓来说，一年忙到头，不论发财还是没发财，到头来都觉得"平安是福"这四个字重要，什么都不如"岁岁平安"。"天下熙熙皆为利来，天下攘攘皆为利往"，车水马龙，人如行蚁，就怕刹不住车。没有比安全更令人快慰的，这是人类的幸福之本。

其实，幸福是早餐时一碗温暖的小米粥，是夏天里躺着舒坦的一张旧竹床，是高兴时随意哼的几句歌谣，是亲人、友人的平安健康，更是社会的和谐文明进步，是日益丰富的物质生活和精神生活。有了这些，就是真正的幸福。

幸福的传递性

人是情感最丰富的动物，喜怒哀乐无人不有，并且这种情感在人与人之间都是可以相互传递的。比如，父母快乐，子女也会随之快乐；子女忧愁，父母也会跟着发愁；朋友高兴时你也高兴，朋友愤怒时你也愤怒。

幸福感也是一种情感，因而它在人与人之间亦可相互传递。

有人发现：如果你身边的那些人际网络中重要的朋友、家人与邻居，有许多都很幸福，那么你将来也会幸福很多。他们表示，更准确地说，如果居住在离你1英里内的一个朋友生活幸福感得到显著提升，你的生活幸福感就会增加25%。

哈佛大学和加州大学圣地亚哥分校的研究者之一詹姆斯·福勒认为，一个人的幸福和另一个人的幸福之间有着直接的关系。这一点很久之前就为人们所知了。但是这项研究更加深入，并且显示，幸福同样也可以间接地传播。不仅仅你朋友的幸福可以影响到你的幸福，而且在你朋友们的幸福之间，也存在着一种积极的关系。这就是说，幸福就像病毒一样，你的幸福可以在社会网络间传播，你可以影响到你从未谋面的某个人的幸福。

生活中亦是如此。一个人的幸福大多来自于身边人、事、物的幸福感。独属于某个人的幸福是很少的，甚至根本是没有的。你说你幸福，因为你的爱人只爱你，所以这份幸福是独属于你的，但不要忘记，给你幸福的人，他也同样正享受着这份为你付出的幸福；你说你幸福，因为你获得了独一无二的荣誉，所以这份幸福是独属于你的，但不要忘记，那些一路陪你走来的人，他们也正和你一样享受着一份收获的幸福；你说你幸福，因为你有一份只有自己才懂、才能体会的幸福，所以这份幸福是独属于你的，但也别忘了，那些深爱着你的人，他们也正幸福着你的幸福。

幸福，是可以传递的，而且不需要物质介入。幸福的人身上有一种无形的气场，可以悄无声息地影响着身边的人。

一天清晨，在一列火车上，五六个男人正挤在洗手间里洗脸、刮胡子。经过一夜的颠簸，大家都非常疲劳，面部表情都很漠然，彼此间也不交谈。

这时，一位面带微笑的男士走了进来。他愉快地向大家道"早安"，但没人理会他的招呼。然后当他准备刮胡子时，竟然自若地哼起歌来，精神也显得十分愉快。他的这番举止令其他人感到很不解，甚至有些不悦，于是有人冷冷地、带讽刺地对这位男士说："喂，你好像很开心的样子，有什么好开心的？"

"是的，你说得没错。"男士回答，"正如你说所的，我很开心、很愉快，为什么不呢？尽管这火车很颠簸，但我们还是一样迎来了灿烂美好的太阳，这是多么令人开心的事呀！"

几个人听了，脸上的淡漠表情也逐渐放松了，甚至有人开始对他微笑起来，向他表示友好。结束了洗漱后，大家走出去的时候表情都很轻松、愉悦。

一个人的快乐、幸福会驱散众多人心头的阴霾。列车中的那位男士用自己快乐感染着身边的人们，把自己的幸福传递给人们，让车中充满快乐、祥和的空气。我们无时不刻不被亲人、朋友、同事环绕，他们把发现的美好事物展示给我们，把快乐的心境传递给我们，我们才会更加快乐，更加幸福。

因此，幸福的时候不要自己偷偷享用，要先给予你幸福的人，然后要将你的幸福感传递到你周围的人，让大家一同分享你的幸福。

幸福是每一个人心底的一口永不干涸的泉水，幸福同样也是，越给予，给予者和被给予者就会越快乐。

让我们将这种生命不灭的能量传递出去吧，让它形成一个磁场，温暖、幸福着我们周围的每个人！

幸福的继承性

千百年来，人类不断追求幸福的真谛，各大思想流派形成各自不同幸福观，我们要批判地继承。

西方自由主义从维护人的权利出发，对于人追求物质利益的动机与行为给予了充分的肯定。自由主义的鼻祖亚当·斯密则把人对物质利益的追求解释为人的理性，人人追求物质利益必然带来社会的繁荣，所以形成了自由主义的核心——维护人的权利，也就是说，人要爱自己。

我国传统儒学则倡导孝悌忠恕，从孝敬父母出发，扩展为爱兄弟、爱老师、爱邻里、爱朋友、爱众生，其核心思想是爱他人。

在现代，由于物质的高度发达，从一个国家、一个民族、一个地区、一个单位、一个家庭、一个个人来说，都把物质利益最大化作为目标和尺度，除了金钱和财富以外，其他一切都是次要的，从而导致道德伦理丧失，价值理念扭曲，人与自然、人与人、人与自我关系的恶化。

许多人把自己的幸福等同于金钱的多少。有钱就是成功，有钱就是幸福，有钱就是一切，金钱、财富成为唯一价值目标和价值尺度。正如马克思所言：金钱"抹去了一切向来受人尊崇和令人敬畏的职业的神圣光环"。

今天，我们迫切需要树立正确的价值理念。但从自由主义、儒学传统、社会主义这三大思潮来说，自由主义主张"爱自己"，并不主张"爱他人"，更不主张"爱大家"。自由主义认为，每个人理性地追求自我，就是利他、利社会。儒学主张"爱他人"，但不主张"爱自己"，倡导"舍生取义""杀身成仁"。儒学虽然主张"爱众生"，但没有维护公共利益的意思，所以不是"爱大家"。马克思社会主义哲学观主张爱祖国，但不允许"爱自己"；主张爱集体，不倡导爱一个个的他人；要求"毫不利己""大公无私"。因此，可以说，这三大思潮都有合理性，也有片面性，需要整合、互补。

树立正确的价值理念，倡导合理的幸福观要求我们对前人的观点去其糟粕、取其精华，批判地继承。爱自己、爱他人、爱大家就是对人类优秀文明成果的完整继承，是对当今价值理念的完美阐释，同时也是实现幸福的路径。

幸福的高遗传性

虽然幸福无法用金钱购买，但英国和澳大利亚的研究人员发现，乐观、开朗的性格能够通过基因继承。也就是说，幸福感可以遗传。

主持这项研究的英国爱丁堡大学研究员蒂姆·贝茨说："他们发现，人与人的幸福感存在差异，一半原因在于基因不同。"

美国著名心理学家塞里格曼提出了一个幸福的公式：总幸

福指数＝先天的遗传素质＋后天的环境＋你能主动控制的心理力量

幸福来自于遗传。正如哲学家叔本华所说，父母的生殖因子，可将种族及个体的素质遗传给他们的下一代。先天的遗传基因决定了我们成为不同的人。父亲把性格遗传给我们，母亲把智慧遗传给我们。这两个遗传因子实际上是掌控我们命运的隐在密码，也是我们快乐与幸福的先天因素。

"遗传因素产生幸福感"的学者从幸福感的生理机制出发进行了大量的研究。他们认为，个体采用一些特定的脑结构，情绪表达的先天性等，这些因素使个体能够产生积极的情绪体验和幸福感，正如一些美国心理学家得出的结论说，幸福感就像眼睛的颜色一样，很大程度上来自我们的遗传。

在大卫·里肯博士的调查里，被调查的孪生兄弟姐妹来自社会各个阶层，其经济状况不同，教育水平不相同——有的已拥有博士学位，有的还没有读完小学。他们分别住在乡村、城镇甚至国外。调查的内容包括：他们的日常感觉，他们对经济、社会、宗教、家教状况的看法等多项内容。结果表明：家庭收入、受教育程度、宗教信仰都不是决定幸福感的主要因素。同时令人惊奇的是，许多双胞胎在长时间内都感到幸福，而另外很多对自己在几个月甚至几年中同样地经受着种种心理问题的困扰感到不幸福。因此，许多心理学家指出，从双胞胎的事例中确实可以看到，幸福感与遗传有一定关系。双胞胎的性格相像，是因为他们的遗传基因中有一部分是共享的，而共享的基因中有一部分就是关系到他们成人后的情感生活的。因此，生物学因素是产生幸福感的重要基础。

最新的遗传学研究结果表明，50%的幸福快乐来源于遗传。研究人员说到，由于拥有正确的可遗传的品质，就使得人们即使在压力之下也能够保持幸福快乐。

识破幸福的假象

财富、地位、权力是现代文明最重视的幸福象征。我们总以为，有钱、有名、俊俏美丽的人一定过得很充实，尽管各方面证据可能显示，他们生活得并不惬意。但我们依然被这种幸福的假象所迷惑，坚信自己只要能拥有跟他们同样的象征特质，就会更幸福。

从前，有一位国王住在一座华丽的宫殿里，殿内堆满了金银珠宝，殿外站着无数随时听候差遣、为他服务的仆役。他的朋友羡慕极了，对他说："你多么幸福啊！你拥有所有人想要的一切，你是世界上最快乐的人。"

国王笑了一下，随后说了一句："既然你认为我比其他任何人都快乐，那么，我们就交换一天的位置来看看如何？"

翌日，国王的朋友真被带进宫里，国王吩咐所有的仆役都要像对待他一样对待他的朋友。因此，他们为他穿上了皇袍，并在他头上戴了一顶金冠。随后，他被安排在了宴会厅的餐桌前，仆役们在餐桌上摆满了山珍海味，还有珍贵的名酒、美丽的花卉、珍奇的香水，并为他奏起了动听的音乐。而他则半躺在柔软的椅垫上，突然感觉自己是全世界最快乐的人。

可当他端起一杯茶刚要往唇边送时，抬眼看到天花板上悬挂着一个东西正对着自己的头顶。天呐！他不禁惊叫了出来，那竟然是一把剑，剑尖直指向他的头顶心。

他的笑容立刻消失了，脸色也变得惨白。他不想再享受任何美味和音乐了，只想赶快离开那里。因为，他发现，那把剑只用一根细细的马鬃挂在天花板上。

国王这时笑了，问道："怎么了？你好像没有什么胃口？"

朋友战战兢兢地说："那把剑！你难道没有看见它吗？"

国王说："我当然看见了，我每天都看到它，我把它悬挂在我的头顶，以此来提醒我总是有人想杀害我。可能我的臣子嫉妒我的权势，想谋害我；可能有人会散布不利于我的谣言，我的人民想推翻我；邻近地区的王国也可能会派兵争夺我的王位；可能我作出一个不明智的决定而导致我的灭亡。如果你要享有权力，你就必须承受这些风险，要知道，这些风险是伴随权势而来的。"

比起"头顶悬剑"的国王来说，我们是幸福的。虽然我们没有住上华丽的宫殿，没有吃上美味的佳肴，没有听上悦耳动听的音乐。但是，在吃饭的时候，睡觉的时候，我们也不会担心头顶上会掉下一把剑来。

生活中的我们，常被幸福的假象蒙蔽了双眼，看到别人过得幸福时，自己心里不平衡，顾不得自己内心的真实感受，每天埋头工作，只想挣大把的钱，用金钱给自己制造一个幸福的假象。

其实，我们没有必要羡慕他人的幸福，也不需要给自己制造什么幸福的假象。要知道，幸福是自己的事，幸福与所谓的金钱、名利无关，只取决于自己所选择的方式。幸福就好比心安理得地吃自己喜欢吃的菜饭，不去理会别人是在吃海鲜，还是蔬菜。

幸福来源于生活，而不与生活相违背。凡是与生活相违背的幸福，便不能称作真正的幸福。追求幸福，就必须要学会识破幸福的假象，千万别做傻里傻气的猴子，水中捞月，辛辛苦苦白忙碌一场，最后什么也没有得到。

幸福是慢慢沁入我们生活的，这就需要我们用心去生活，用心去感受。而幸福的假象，就好像是海市蜃楼，虽然刚开始出现的时候，会令我们兴奋不已，觉得生活突然变得如此美好；但是，海市蜃楼终究还是要消失的，因为它只是一种幸福的假象而已，我们没有必要为它苦守一生、追求一生。

第二章　幸福的悖论
——关于幸福，你不想知道却已知道的

幸福的自我矛盾

在我们小的时候，幸福是什么？父母的疼爱，老师的赞誉，小伙伴的友谊，有了这些，我们就觉得是最幸福的了。当我们渐渐长大，我们想要的是另一种幸福，但很多时候幸福感是那么短暂。比如，大学期间拿到了奖学金无比开心，毕业了得找一份工作，而社会竞争又很激烈，令我们有些失望，但当我们升职以后，又很开心，不是吗？

其实，生活向我们索要的远比我们想要的多。一个人必须明白，要想真正找到幸福，那就必须让自己幸福。生活中，没有能带来幸福的现成指南，也没有挥一挥就能带来快乐的魔棒。人性在追求幸福的刺激中不断升级、完善。我们梦想着、期望着下一个大的转变——这就是生活中的大冒险了。

我们喜欢占有财富，不管需不需要，在一定程度上，我们都在相互攀比。我们之所以工作，是因为要付房租，偿还抵押贷款，还清信用卡透支费用，买车，等等。此类费用接连而至，让我们应接不暇。于是，我们会突然意识到，尽管拥有了想要的一切，但仍然不幸福。自从适应了自己定下的新生活标准，我们的时间短了，耐性没了，睡眠少了，但压力大了，焦虑多了，脾气也暴躁了。鉴于此，幸福真的是由"物质"组成的吗？

有时，我们不仅用生命交换生活必需品，还用生命交换多余的物质享受和服务。我们这般沉迷于追求幸福，却忽略了一个事实——幸福一直就在我们心中。当然，你一定听过这样的事，即有些人一直都在苦苦"找寻自我"或"重新发现自我"。他们创新尝试的理由只不过是想找寻心灵深处的幸福。但他们忽略了一点，即幸福从来都在心中。

失望和悲伤在我们的生命中交替轮回，但幸福从不会离我们而去。人类对困难的适应能力无可限量。我们可以失去工作，但会为拥有爱人而感恩不已；我们可以流离失所，但会为活着而心存感激。

幸福是我们对生命的一种感知。但由于受到外界的影响和限制，我们本能地找寻着生活的瑕疵。出于人的天性，我们从有能力自由思考的那刻起，就开始对生活吹毛求疵。也就在那时，我们失去了对自我价值的认知，也失去了生命的活力，陷入幸福的矛盾中，找不到幸福的方向。

幸福是你决定去接受的东西，没有任何商量的余地，它与金钱或名誉毫无关系。只要我们活在乐观的希望之中，敢于大胆梦想，活得简单纯粹，那么，我们就会重新拥有幸福的感觉。那种感觉并非悬于幸福与不幸之间的真空地带，也无任何替代品。我们只能活一次，除了好好活着，别无选择。

所以，矛盾是生活的常态，永远不可能得到化解、也不可能永远消失。但是，有问题存在我们就不幸福了吗？如果你知道有一天终将死去，你就不去享受生活了吗？即使有问题缠身，即使对生活充满种种不满，当幸福来临的时候——即使它和困难相比显得微不足道，也要去享受它，这样我们才能过得富足和快乐。如果你想求得单纯干净的幸福，等待有一天所有问题都不存在了，再去享受幸福，只怕你永远也不可能幸福。

追求幸福是有条件的

幸福是有条件的，从来没有一个幸福不是通过心灵而获取的，无论是追逐财富的人，还是仰慕权势的人，没有经过心灵萃取的幸福，一般是很难持续的。很难去盈满生命的真谛，这其中包容着快乐与痛苦。幸福是快乐与痛苦的融合，没有绝对的幸福，没有绝对快乐的幸福，没有不体验过痛苦的幸福。幸福本身很简单，简单得让我们学会包容就行了。而我们的幸福往往有太多的纠缠与放不下，每一个幸福都是不完美的，这就是我们真实的幸福。

幸福好似一个空碗，只要我们去盛总还是有的，但是我们往往会在自己盛满的碗之外，去寻找更多的幸福，往往这份幸福只是表象，不是我们心灵的真相，反而增加了许多烦恼，而让我们失去了分享自己的这份幸福的空间。生活有时不是用来认真分享的、用来吸收的，而是用来找麻烦的，生命中的大部分人、大部分时光，都是用来处理欲望和情绪，我们所有的人，用人生当中绝大多数的时间，来处理患得患失的情绪，但却没有真正面对过问题，然而，有时我们还不能觉醒，还在没方向地寻找。

所谓的快乐幸福是只在咫尺，不在天涯。我们总包裹在累累伤痕之中，很难亲密接触到幸福。幸福的主题是自己，幸福的核心是生命的态度，当下是生活的幸福点，过去时和将来时都只是浮云，生命要解决的是我们现实的问题与真相，如果了然这一切，其实我们会活得很简单、很快乐。

老师给小明留了一项作业，要他当小记者访问爸爸。采访共有 6 个问题，有一大半是资料性的："在哪里工作？""负责哪一方面的事？"等等，其中的第五题是："爸爸的梦想是什么？怎么实现？"

爸爸说："我有三个愿望，第一个愿望是吃得下饭；第二个愿望是睡得着觉；第三个愿望是笑得出来。"

小明看了看爸爸，说："别人的爸爸都有着伟大的愿望，做科学家、航天员什么的。你这愿望，存心就是害小孩。"

爸爸说："要不然你照我的话写完之后，再写一篇《我眼中的爸爸》附在后面让老师了解这不是你随便写的，而是你爸爸的本性就是如此。"

小明觉得有道理，于是很快地写了一篇没分段的作文。

第二天，爸爸问小明，老师怎么说？

小明挠了挠头，有点不好意思地说："老师上课时把我叫到前面，说我的访问和作文写得非常好，给我98分，是全班最高的，比班上的模范生还高，还把我的作文念给全班听。"

"那她有没有说为什么？"

"她说她先生的工作最近不太顺利，已经有好几天睡不着觉，也只吃得下一点东西。你爸爸的三个愿望很有意思。"

幸福没有多高的条件，吃得下饭、睡得着觉、笑得出来的人，就是幸福的。放低幸福的底线，人们就会发现，幸福不是完美或永恒，它只是内心对生命流转的感受和领悟；幸福很简单，它不仅留存于他人给自己的关爱与恩惠中，同样也积存在我们自己的爱心与真诚里；幸福很简单，简单得在它来到我们身边的时候，或许我们根本没有察觉。

生活简单就是幸福，这并不意味着我们放弃了对目标的追逐，而是在忙碌中的停歇，是身心的恢复和调整，是下一步冲刺的前奏，是以饱满的热情和旺盛的精力去投入新的"战斗"的一个"驿站"；生活简单就是幸福，这并并不意味着我们放弃了对生活的热爱，而是于点点滴滴中去积累人生，在平平淡淡中去寻求充实和快乐。

放下沉重的负累，敞开明丽的心扉，去过好你的每一天。问问自己，你吃得下饭吗？睡得着觉吗？你笑得出来吗？如果你吃得下饭、睡得着觉、笑得出来，那你还有什么好悲伤的呢？适当降低幸福的底线，牢记幸福这三个简单的条件，相信幸福生活一定会属于你的。

不幸中也会有幸福的体验

如果没有不幸，就像一篇文章没有灵魂，一首诗没有思想，是华丽辞藻的堆砌或是单纯的情感宣泄，不能给人以启迪，不能让人深思。没有经历过不幸的人生不能称为完整的人生，不幸是人生道路的必经之路。

不幸是生命的音符，是人生乐曲中最悲壮的篇章，是最让人震颤的声音，是音乐中最低沉的部分，因为有了它才有了上扬的激昂和华美的亮丽。没有跌宕起伏的乐曲不是感人的乐曲，是不会被永久传唱的，更不能引起大家演唱的兴趣，只能说是有这么一部作品而已。

宠辱不惊，闲看庭前花开花落；去留无意，漫随天外云卷云舒。这是一种境界，一种心灵到达的最高境界，是痛彻心扉之后的豁然开朗，是俯瞰生命的一种态度，是云端上的思索。正视痛的存在，就是在修补自己的缺点，处理得越自然也就越完美。

不幸是一种生命状态，是自我修为的一个过程，破茧为蝶是痛苦的过程，生命的降临要经过痛苦的分娩，当经历痛的时候就会有一种新的思想产生，就会对生命有了新的认知，没有不幸就永远不会成长，没有不幸就不会懂得坚强。经历的不幸越多感悟也就越透彻，成长也就越快。有深不可测的海也有高不可攀的山，有了思想的深度也就会达到一定的高度。

当我们经历了这些不幸，年深月久，沉淀之后，我们会一生受用它的启迪，它的指引，它的教诲。我们就明了，总有一些不幸的遭遇要去面对，就像一棵树要面对剪枝，痛着但挺直，因挺直而美丽着。

生活就像一个魔咒，有一种无形的力量在掌控着，乾坤往往在魔咒中翻转，会自动平衡。当世俗认为的好事多了的时候，有些不幸就会随之而来。

有些不幸的遭遇总要去面对、去接受、去处理。当走过来的时候发现，天还是那片天，云还是那片云，变化的只是心境。淡定地面对一切，真正地体会使心中无敌，便天下无敌。记得有一部武侠电影里，描述大侠达到的境界有这样三种状态：第一种是心中有剑，手中有剑。第二种是心中有剑，手中无剑。第三种是心中无剑，手中无剑。第三种境界是人生的最高境界，也许就是老子说的无为，是包容世界的胸怀，是从容不迫的淡定，是上善若水的温柔，是处事不惊的镇定。

安徒生出身贫寒，几乎以孤儿的身份在世间漂泊，且终身未娶，备尝孤独滋味，而这些却在他笔下转化成对生活之美好的咏叹。他的作品是美好的，他以及他的生活经历由于难得的幻想天赋和乐观天性而美好。他说："我一生的经历，如今像一幅浓艳、美丽的油画展现在我面前，激励着我的信仰，甚至使我坚信好事从不幸中诞生，幸福从痛苦中产生。这是一首我所写不出来的思想无比深邃的诗。我感到我是走运的孩子，在我的一生中那么多高尚的人都曾深情地诚恳地对待我。那些辛酸的悲惨的日子本身也带有幸福的萌芽。我以为自己受到的不公正待遇，那些不断伸进我的生活中的手，也仍然给我带来过若干好处。"

是的，不幸中也有幸福的体验。有人说过，生活就像是剥洋葱，总有一片让你流泪。有些不幸就是那片让你流泪的洋葱。

不幸——也是一种别致的幸福。

相对幸福，人们更喜欢不幸

把一个烂苹果放进一箱好苹果中，会产生什么后果？所有的好苹果都会腐烂。反之，把一个好苹果放进一箱烂苹果中，那些烂苹果绝对不会变成好苹果，而那个唯一的好苹果也会腐烂。这就是不幸，它是具有强大魔力的魔鬼。

我们每天都会遇到看似毫不起眼、却拥有强大破坏力的魔鬼，如一些微小的伤风病毒就会把你的一天打乱；自行车内胎上的一个小孔，让你周末骑自行车去野外郊游的计划泡汤了；价值0.3元的自来水在0.3秒内毁掉价值3000元的东西——一杯水倒在了笔记本电脑的键盘上！

我们害怕魔鬼——尽管如此，我们却总想去注意它。虽然你的驾驶教练并不是伟大的心理学家。可他却可以给你上人生中重要的一课：在高速公路上突然有障碍物出现在你面前时，千万不要去看它！大多数人都会在障碍物突然出现时一直盯着它，并不由自主地被它吸引。结果，汽车就朝着你根本不想去的方向飞驰。当人们一旦认定一些事情将要发生时，就会无意识地向这个目标靠近，直至这些事情真的发生。或许灾难，都是我们自己制造出来的。

在事故发生前的那个瞬间，克制住自己不受障碍物的吸引或许会让我们感到非常无聊，不过，如果我们不想被钉在不幸的木板上的话，就必须这样强迫自己，这对我们有好处，不过谁又能永远忍受这样的"好"？

魔鬼非常有魅力，"幸福"却让人感到无聊。比起谈论谁和谁在多年之后还幸福地生活在一起，我们更愿意听到谁和谁痛苦地分离。人们之间经常会问："最近好吗？"

当回答是"好"时，这个话题就没有必要再继续下去了。当回答是"不好"时，提问者立刻变得兴致勃勃。想一探究竟。

　　人们总喜欢去现场看杂技表演，当演员冒着生命危险做高难度动作时，现场的观众会身临其境地感到惊恐。然而，如果观众坐在电视机前看这些就会感到非常无聊，因为直觉会告诉他们："演员们根本就不会掉下来，不然也不会在电视上表演了。"

　　同样的道理，我们非常喜欢到现场看一级方程式，不仅仅是为了看那些男人在环形赛道上一圈一圈地飞驰。然而我们期待了很久，就是看到他们在飞驰的过程中出事故的那一罕见瞬间。

　　这听起来很残酷，但事实就是这样。堵车总是出现在发生事故的反向车道上，因为所有人都会停下来张望，不是为了帮忙，而是为了感受那种不寒而栗的惊恐。

　　司马迁在《报任安书》中云："文王拘而演《周易》；仲尼厄而作《春秋》；屈原放逐，乃赋《离骚》；左丘失明，厥有《国语》；孙子膑脚，兵法修列；不韦迁蜀，世传《吕览》；韩非囚秦，《说难》、《孤愤》；诗三百篇，大抵贤圣发愤之所为作也。"每个人的不幸都会引发我们无限的联想……

　　相对幸福，人们更喜欢不幸。每个医生都可以证明这个观点：一个忧郁的人明明身体状况很好，自己却觉得浑身都是毛病；一个受虐狂在没有疼痛的时候也会感到疼痛；结了婚的人往往留恋单身生活。为什么呢？是的，相对于正面的信息，负面信息更能抓人眼球，这也是花边新闻总喜欢报道明星丑闻的原因。

我们来到这个世界上的目的并不是为了幸福

　　人为什么活着？

　　冯友兰先生对此曾有回答："活着就是为了活着，活着就得活着，有人常感慨活着真没意思，可他还是照样活着。"

　　哲学家张申府先生也曾有类似的说法。他说："人为什么活着呢？第一层，就是为活着而活着，为生活而生活，但还有第二层，则是为遂其生、为美其生、为扩大其生，乃有生活上的种种。"

　　是的，我们来到这个世界上的目的就是为了活下来。我们追求幸福，是因为幸福的时刻让我们有动力去增加我们活下来的可能性。因为我们的幸福感不是持续的、永久的，所以吃饭会带来乐趣，所以嬉戏会带来乐趣。如果永远幸福下去呢？不——除非死亡。

　　所以，我们要好好活着。活着，是一种责任。每个人都有自己的责任，对自己的生命负责是活在这个世界上最基本的原则。

　　好好活着，是一种信念。人的一生中，困难、挫折是不断出现的路障或陷阱，有时令你防不胜防。诸如失恋、失业、无家可归等。其实，仔细想来，人最大的敌人还是自己。有时候，当我们经历了人世的喧嚣而渴望一种平静的状态时，当我们在世俗的激流中冲洗、打磨而变得练达、成熟时，我们的心境，就会像一片广阔无际的旷野，我们心灵的深处就会呈现一片自由而高远的天空。

　　这个世界本来很简单，是我们把它弄复杂了，复杂的结果就是痛苦。人之所以痛苦，是由于你没有按照自己喜欢的方式生活。多数人在按照别人的要求生活，刻意改变，违背内心，所以痛苦！

　　解读生命不是一朝一夕，但每一日你都可以使它丰富，使它完美；活着，短暂的生命也可以创造永恒的传奇，而好好活着，就算平凡也充满诗意，即使脆弱也依然无悔！生命对于每个人都只有一次，没有任何事可以成为你结束生命的理由，生命是宝贵的，只要生命始终保持一种高昂的目的与向往，只要生命的每一个细节都值得细细地咀嚼、品味，生命就会永远鲜活而美丽。

一个人，无论身份地位高低、无论学历程度怎样、无论容貌长相何如，只要他的心中明白活着就是幸福的道理，他就会用从容、豁达、淡然的态度去面对人生，他就会发现身边的一切琐碎小事甚至以前认为的烦事都是幸福；因为他坚信：只要自己还活着，从任何事物里面都能看到连自己都不曾想过的幸福。

一个人只要有"活着就是幸福"的理念，他就会发现不小心跌倒在雪地里的瞬间也是幸福的，因为那样才使自己有了与雪亲密接触的勇气；他也会懂得自己的理想不被社会所容也是一种幸福，因为那么多人的反对足以说明自己的理想是还从来没有被人实践过的创新之举；他更会明白一直以来自己经历的任何坎坷也都有幸福的踪迹，因为那些坎坷的背后总有关心他的眼神与自己不断强大的历程。

其实，幸福从来就是这么简单，只要活着就是幸福。但人们往往都跳过了这个最起码的条件，去费尽心机追求权势财欲，企图躲避人生的不顺，以为最高的权力、最大的财势、最美的姿态就是人生的幸福；可是他们却从没想过如果连活着都不能够，那么之后的一切又能从何而来呢？

为何最幸福的是铜牌

如果大家仔细观察一下或许会看到，在奥运领奖台上，铜牌获得者往往比银牌获得者笑得更灿烂。而研究结果也证明了这一点。铜牌得主的幸福指数就是比银牌得主高。这是为什么呢？

美国康奈尔大学研究组调查了1992年巴塞罗那奥运会时取得银牌和铜牌的选手们的幸福度。用电视转播看选手们的表情，以此调查了情感状态。比赛结束的瞬间，取得银牌的选手的幸福度是满分 10 分中的 4.8 分。相反，获得铜牌的选手则是 7.1 分。也就是说第三名比第二名幸福。在颁奖典礼上，铜牌获得者的幸福指数是 5.7 分，比银牌获得者的 4.3 分高。

第三名才是最轻松自在的名次。

无论是在运动场上还是在其他竞技场合，赢得第一未必是最好的选择，特别是在名列前茅反而会带来压力的时候，此时争取"第三名"可能会更合适。

首先我们必须知道的是，所谓的"第一"是个经常伴随很大压力的头衔。不言而喻，在拥有这项头衔前，必须付出艰苦卓绝的努力。当好不容易抢得第一的头衔时，又必须面临"可能被取而代之"的恐惧感，你不得不为此奋战。第一名已是顶点，只有退步的可能，不再有进步的空间。

而第二名除了会受到排名第一名的人处处提防外，同样也必须防范在后虎视眈眈的第三名，前后夹击的严酷环境同样压力不小，而且还得承受"争夺第一"落败的挫折感。

身为第三名的人则通常不会被第一名视为竞争对手，与前两名相比，要保持第三名的难度也相对较低。

诚然，争做第一是一种积极的人生态度，每个人都希望自己是第一。但是，事事争先并不代表着快乐与幸福。游泳健将迈克尔·菲尔普斯在 2008 年奥运会上一人囊括了 8 块金牌，是奥运会历史上成绩最卓越的一名运动员。然而，在他今后的人生中想再次突破自己，获得更高的殊荣是相当困难的。获得金牌时的幸福会成为今后幸福的衡量标准，今后的成功与这次的荣耀相比都会黯然失色。

心理学家索尼娅·柳博米尔斯基说："人们对极喜或极悲的感觉会产生习惯，这些不寻常经历会打破常规标准。"比如，和朋友们一起吃饭，和有趣的人聊天，或收到一份意外大礼，这些原本都是我们的幸福时刻，但是与获得金牌的幸福感相比，它们再也不会给我们带来幸福感了，我们不能再以常规的标准去衡量这些平常的小幸福。所以说，平平常常的小快乐可以带来持久的幸福，但是那些不寻常的幸福经历却能把我们从此扔出幸福的轨道。

人们总把最优秀的人当做参照物，与他们作比较。我们想比迈克尔·舒马赫开车更快，比海蒂·克鲁姆更漂亮，比比尔·盖茨更富有。这样的想法让我们永远得不到满足，注定会失败。人的精神就像一根弦，事事争第一，绷得太紧容易断。只有张弛有度，生活才能快乐。

想得到幸福，先为别人带来幸福

人类生活在五彩斑斓的世界里，看着生活的万花筒不停地旋转。人类聆听生活的乐章，如果听到一些不和谐的音调，人们就有了抱怨。

如果一个人想成为幸福的人，想让自己的周围奏响和谐的乐章，就要伸出温暖的双手，给别人一些帮助。

中国香港鹏兴国际建筑投资有限公司董事长梁少贞女士与先生李业顺一直热心社会公益事业，在 2010 年首届"广东扶贫济困日"活动中，夫妻俩以个人名义向广东省慈善总会捐赠善款共 1000 万元，引起了社会轰动。此外，他们还积极参与广州市教育基金百万行活动，捐出 150 万元善款。

对此，梁少贞说："长时间以来从事公益事业，我心里只有一个信念：能帮助有需要的人，改善他们的生活，我的心里感觉很幸福。虽然我一个人不能帮助所有贫困的人，但我相信，只要每个人都为扶贫济困和幸福广东建设出一分力，那么整个社会将会减少很多贫穷与痛苦。"她还说："能为别人带来幸福就是我人生最大的意义和幸福。建设幸福广东是需要我们每个人付诸行动的，我将在有生之年尽最大力量去帮助有困难的人。"

　　给别人带来幸福，不是说说而已，要真切地做到其实也不是很简单。但是，不是所有为别人带来的幸福的事都像梁少贞女士一样慷慨解囊。其实，一件很简单的事情，就可以让别人感觉到幸福。

　　有的人，并不是没有清晰的人生目标，只是命运之神射出的箭偏了准头，而给一个人的生活带来了很大改变。看起来，这个人似乎没有被命运之神眷顾，但实际上，倘若这个人能成别人的幸福，对他自己而言，何尝不是收获了另外一种幸福？

　　客厅中放着一架漂亮的钢琴，人们围着钢琴啧啧赞叹。琴是贵妇为儿子买的，虽然还没用过，但那闪耀的黑白琴键似乎让人们聆听到一种美妙的声音。"太美了!"有人不禁赞叹。一位懂音乐的客人说："在没有调好音之前，再漂亮的琴也只是徒有虚名，有了调音师的摆弄调音，琴才能恢复自身的价值。"

　　主人已经约了调音师，调音师待会儿就到了。没过多久，一个身材略显肥胖的男子进来了，他就是调音师。人们脸上写着失望，高雅的音乐与高雅的人是相匹配的。而这个调音师，太平凡了。然而不一会儿，人们对调音师的态度就有了变化。调音师用娴熟的动作证明了他的实力：调钮、绷弦，动作熟练而连贯，一气呵成。调音师脸上流露出的不仅仅是专注，还有对琴的尊重。他的神态使人感觉到他不是在调音，而是在爱抚心爱的情人。

　　调音师边调琴边慢慢地说："即使是在漆黑的环境里，仅仅凭感觉，我也能调整88个琴键和200多个钮。我干这项工作有15年了。后来，在休息时，大家在一起喝茶才对调琴师有了更深一层的了解。调琴师在儿时就迷恋上了音乐。他本来想做一名演奏大师，但是命运却与他开了一个玩笑，阴差阳错地让他做了调琴的工作。他做的是为别人演奏铺路的工作。

　　遇到这样的情况，人们的笑容变得很复杂。

　　这位调琴师就像是个喜欢吹肥皂泡的孩子，看着他亲手调制的肥皂水被别人吹出了一串又一串的美丽精灵，自己感伤又沉醉。

在临走前，调音师又转过身来，掏出洁白的手帕，把钢琴腿上的一处不起眼的小斑点轻轻擦掉，动作轻柔之极。

一个人离梦想越来越远，却总是默默地为别人的梦想而努力，他宁愿自己默默去擦拭蒙在钻石上的灰尘，再看着它折射出美丽的光线。

对演奏者来说，能够享受到专业人员的服务是多么值得庆幸的事。而对调音师而言，这何尝不是一种幸福！只有行动，没有抱怨。他用行动为别人的幸福让开了一条路，成全了别人的幸福，也为自己的幸福生活奠定了基础。

若一个人肯为别人带来幸福，那么总有一天，他也会成为幸运的人，也有人会帮助他实现自己的幸福。

爱自己，这样别人才会爱自己

一次车祸遭遇，造成萧彦红高位截瘫，但是她的意志并没有消沉，而是从车祸的悲伤中勇敢地走出，带着坚韧不拔的精神进行射箭训练。为了练箭，原本植入萧彦红体内作固定的钢板也断裂了，但面对医生终止训练进行休息治疗的建议，萧彦红拒绝了，说："这怎么行，我喜欢射箭，它带给我很多快乐。"于是，萧彦红忍着痛苦备战奥运。

首次参加残奥会，30 岁的萧彦红夺得了一枚金牌和一枚铜牌，为深圳实现了残奥会金牌零的突破。2006 年 8 月，在广东省残运会比赛中，初出茅庐的萧彦红勇夺女子坐姿射箭个人金牌，随后在 10 月的全国残运会比赛中，她又夺得 3 枚银牌。接下来的 2007 年 10 月，萧彦红夺取了世界残疾人射箭锦标赛的冠军，14 个月的时间，萧彦红由不知射箭为何物的农家女，变成了世界冠军，创造了一个令世界惊讶的奇迹。

萧彦红说过："只有自己爱自己，世界才会爱你。要有不抛弃、不放弃的精神和信念，勇敢地投入社会，这样才会体现残疾人的人生价值。"

是的，爱自己，这样别人才会爱你！

每个人应如此，女人更应如此。

女人一旦结婚了，就背负起家庭的责任。她洗衣，做饭……爱，让女人付出了全部，忘记了自己年轻时的梦想。她曾想着要去那个美丽的海滨城市和自己的爱人一起，赤足走在沙滩上，听海浪的声音，开心地游玩一次，在现实中，女人渐渐忘记了曾经的梦想。

女人在相夫教子中耗尽了青春与心血，成了名副其实的"黄脸婆"，而男人，在女人的调教与关爱中越来越有魅力。直到有一天，有人对她说："放手吧，他已经不再爱你了。"她疑惑地望着自己的丈夫，他真的不再爱我了吗？还是无法像从前一样爱我？这时女人才开始后悔，原来爱一个人，不但要爱他，也要爱自己，爱自己，其实也是为了保持他们的爱。这时她才想起当初他皱着眉头对她说："也许你可以换一个发型。"她想起他送给自己的香水，她却想不起在浪漫的夜里喷洒一些在他们的爱巢。她想起来了，却已经太迟。她想起了自己许多未实现的梦想，包括去那个海滨城市，坐一次飞机……

我们都不是很完美的人，但我们要接受不完美的自己，只有完全地接受了自己，你才能不断地完善和提高自己。人生不是只有温暖，人生的路不会永远平坦，但只要你对自己有信心，知道自己的价值，懂得珍惜自己，所有的一切不完美你都可以坦然面对。

女人最重要的是懂得爱自己，你爱自己别人才会爱你，你尊重自己，别人才会尊重你，不管是在网络里，还是在现实生活中。爱你的家人，你的朋友，你的宠物，你的事业，你的理想。当爱情一点点侵占你的生命，请你千万别忘记，留一点儿爱给自己。

灵魂是由思想来染色的

当我们心情忧郁时，我们会想象未来也会像现在一样，而且我们也会在记忆里找到很多过去的不快。当现在的心情和过去某一时刻的心情相同时，过去的记忆就会再次浮现在我们的脑海里。比如，当阳光照到我们的房间里时，某次度假时享受阳光、海浪、沙滩的美好片断就会再次浮现在我们的脑海里。这时，我们看到阳光普照的场景，心情会变得更好，并开始期待下次更加美好的假期。

马可·奥勒留说："灵魂是由思想来染色的。"在平淡的生活中，思想的色彩也起着决定性作用。我们如何体验这个世界，完全取决于我们的心情。思想的颜色不仅决定了我们的现在的心情，而且决定了过去和将来的心情。

一个人出外郊游，当他看到郊外肥美的野草，一种温馨的怀旧之情油然而生。抚摸着莠草、牤牛墩和扁草等印在童年记忆中的优质牧草，便联想起从小牧羊时的情景。

他们家养了一头可以剪毛卖的细毛绵羊。这只羊长着一双朝前翘着的弯弯的犄角，足有六七十斤重。当时的他尚未上学，父母就把放羊的任务交给了他。他每次都把羊牵得紧紧的，唯恐啃了路边的庄稼惹来挨揍的"横祸"。但毕竟年龄小，加上经不住小伙伴们的诱惑，玩心又上来了，便把羊拴在有草的地方，跑到一边和小伙伴们玩耍去了，常常是天快黑时才想到羊……

然而，由于过早地承担起繁重的家务活的他，长大后的他养成了坦然地面对艰苦、从容地迎接挑战的坚毅性格。无论在工作上，还是在生活中，处理起问题来都游刃有余。

思想的"色彩"是神经的传送器，是在脑细胞之间交流信息的媒介。它就像调味汁，决定了思想的味道是甜的还是苦的。

我们的大脑是由有生命力的网状系统组成的，它不断地改变，使自己能够适应当前的环境。比如说，当我们的心情忧郁时，我们会想象我们的未来也会像现在一样忧郁，我们也会在过去的记忆里找到和自己心情一样的情景。

以前你可能从未将思想和色彩联系在一起——至少刚才还是这样，但现在你习惯了将两者联系起来，并从中学到了一些东西。我们大脑中的色彩在连续地发生变化，脑细胞之间的联系也在不断变化着。所以说"做你自己"是不切合实际的，因为你已经不再是那个还没有读过这段文字的自己了——你已经有所改变。

因此，我们不会随着时间的流逝成为一个我们所不熟悉的自己，而是成为我们经常做和经常想的那个自己。这是习惯的使然，我们经常用一种思路去思考问题、解决问题，时间长了就会产生惯性，出于方便和安逸，即使有更好的方法，我们也不会理睬，仍旧遵循着原来的思维模式。因此，我们经常所想的和所做的那个自己就是真实的自己！

不要迷信吉祥物，它不会为你带来幸福

王先生是个迷信的人。从读书到工作，他都相信有神灵在保佑自己。近年来，他迷上了炒股，可笑的是他把自家的一只宠物狗当做吉祥物，每次买股票，他都把报纸放在地上，让他的"吉祥物"上去踩，它踩中哪一股他就买哪一股。靠着这股运气，王先生虽然没有赚大钱，但却成功地逃过了几次大调整。他也曾非常得意地说："赚多赚少是天意决定的……"

然而，"吉祥物"的运气好像走到头了，王先生炒股最终栽了个大跟头。有一次，"吉祥物"帮他选择了某支股，于是他就在 75 元处买进了 1000 股。经过几个月，该股不但没有拉升反而逐级下探，跌到 60 元左右。后来，该股全线暴跌，从 49 元

连续以跌停的方式跌到了 22 元。王先生傻眼了，眼睁睁地看着几年来赚到的钱灰飞烟灭……

如果过于相信一些力量不在我们的掌握之中，一旦我们认为它对我们不利，它立刻就会转化为不利因素影响我们。比如有些人认为信号发射塔所发出的辐射会损害人体健康，其实在信号发射塔工作之前，他们就已经头痛了。

在生活中，还有一些人用吉祥物来求得今生的幸福，这也是行不通的。英国心理学家理查德·怀斯曼多年来一直致力于研究迷信与真实的幸福之间的联系。他的结论是：家里摆着很多吉祥物的人，幸福的体验反而很少。因为迷信于吉祥物力量的人，往往忽略自己可以为幸福做一些必要的努力。

人们常说，如果发现四叶的三叶草，就能带来好运。在扉页的照片上，你会看到我叼着一片三叶草。那么为什么四叶的三叶草会带来好运呢？有人说四叶的要比三叶的稀少，因此非常珍贵。我们把自己的幸运与那些很少出现的东西联系在一起，并感慨我们的幸运是如此的稀少。这是自讨苦吃，只会使人不愉快。四叶的三叶草是否比三叶的好。这只是环境的问题。举例来说，如果在核电站旁所有的三叶草突然都变成了四叶草或多叶草，那么这并不一定是一个好的征兆。

最后我们再看一下动物世界。很多人都认为黑猫会影响人的运势，在一些国家，人们认为看到黑猫从右边过马路会带来幸运，而有些国家认为看到黑猫从左边过马路才会幸运。难道我们每一次都要因为猫而移民吗？事实上，一只黑猫对于你的生活是否有意义，不是取决于它跑动的方向，而是取决于一个中心问题——你是人还是老鼠。

第三章　幸福的学问
——关于幸福的研究和哲学思考

幸福面前人人平等

刘德华和舒淇在电影《游龙戏凤》里说："幸福面前人人平等。"身份悬殊的两对恋人，在克服了各自的心理障碍之后，勇敢交往最终获得了幸福。

不管是穷人还是富人，在幸福面前人人平等。一个光着脚的人和一个饥饿的人结伴而行。幸福对于他们来说是什么呢？光脚的人认为幸福就是有一双鞋穿，饥饿的人认为幸福就是有一餐饱饭。但当看到路边有一个坐在轮椅上的人时，他们互相感觉自己是多么的幸福：虽然没有鞋穿，但有一双可以走路的脚；虽然饥肠辘辘，但身体还是健全的。而轮椅上的人却说："我也是幸福的，因为我还活着。"可见，幸福只是生活的一种需要，不是奢侈，更不是享受，它有时很微小，也很琐碎。

人们对幸福有着不同的描述，如有情人对幸福的理解是"终成眷属"。成家以后，古人量化的幸福指标是：值太平世，生湖山郡；官长廉静，家道优裕；娶妻贤淑，生子聪慧。用今天的话来说就是：生在太平盛世，住山水城市湖景别墅；家庭资产很丰厚，单位领导关系铁；媳妇漂亮又贤慧，儿子读书不操心。

然而，当代人对幸福的理解则越来越功利："事少钱多离家近，位高权重责任轻，睡觉睡到自然醒，数钱数到手抽筋。"但这一切都没有关注到精神层面，林语堂曾给全世界人民描述了天下大同的幸福蓝图："住美国的房子，娶日本太太，家有中国厨子，外有法国情人。"倘若一介布衣能够如此，夫复何求。

不过，该幸福指数飚得太高，要想达标，着实不易。

用经济学家的语言来定义，世界上最幸福的人应该是这样：时间自由，空间自由，经济自由。

经济自由自然是指有足够的钱——"家道充裕""数钱数到手抽筋"皆属此类。金钱不是万能的，但没钱是万万不能的。一个人若是失去了消费的能力，需要的想要的东西皆无力获得，亲爱的疼爱的人均无力给予，无论如何也配不上"幸福"二字。所谓贫贱夫妻百事哀，古来如此。

但经济自由不过是幸福的必要条件，而非充分条件。试想，一个人虽然腰缠万贯，却失去了自由行动的能力，上山气喘，出海晕船，欲策马而力不逮，想张弓却眼花——实在是一件悲哀的事情。

中国富豪刘永好在被大学生追问"如何才能像富豪一样有钱"时，情急之下，道出心声："我愿把所有的钱都给你，只要我像你一样年轻。"

曾经有位被各路妖精都觊觎的白面温柔小"唐僧""嫁"给了女富豪，从此过上了花钱如流水的生活，想要什么就有什么，唯一的限制是要想花钱不能自己做主，得由保镖刷卡。日子一长，这样的生活让人恐惧，最后这位小生还是逃之夭夭了。

中国香港很多嫁入豪门的女星发现，虽然自己的财富一夜之间暴增，但对金钱的支配度和人身自由度却降低了，幸福指数大打折扣。

经济自由之外，最紧要的是空间自由。天南海北，世界之巅，想去哪里就能去哪里，绝对是令人艳羡的幸福。

当然，空间自由的前提是时间自由。除了被仇家和债主追，人生最痛苦的是被时间追。人们只看到大人物秘书保镖前呼后拥的风光，却难以体会他们的时间被别人安排的个中惆怅。生命全然交付在别人的手里，属于自己的，甚至连睡眠都算不上。这样的生活离幸福很远。

无论如何，每个人眼中的幸福都是自己最想要的。没钱人的幸福就是有钱，有钱人的幸福是渴望自由；忙得不可开交的人的幸福是清闲，清闲的要命的人的幸福是忙碌……每个人对幸福的感触都不同，而每个人都能从别人的身上找到自己想要的幸福。从这个意义上来讲，幸福面前又何尝不是人人平等。

幸福是所拥有的生活，而非所期望的

人们一谈论幸福，总是把物质上的富人和穷人放在一起对比，似乎这样才有说服力。

穷人说："幸福就是现在。"

富人望着穷人漏风的茅舍、破旧的衣着，说："这怎么能叫幸福呢？我的幸福可是百间豪宅、千名奴仆啊。"

一场大火把富人的百间豪宅烧得片瓦不留，奴仆们各奔东西。一夜之间，富人沦为乞丐。炎炎烈日下，汗流浃背的乞丐路过穷人的茅舍，想讨口水喝。穷人端来一大碗清凉的水，问他："你现在认为什么是幸福？"

乞丐眼巴巴地说："幸福就是现在的这碗水。"

富人、乞丐，同是一个人，境况不同，怎么对幸福的看法会有所不同呢？也许下面的这个寓言能帮我们找到答案。

老虎和猎豹一同狩猎。天快黑了，猎豹说："虎弟，我们的猎物已够多的了，现在就回家吧。""再等一会儿，我还想猎一只羚羊，才猎了几只野兔，你就觉得满足了，真没出息。"

突然，一只羚羊从它们身旁一闪而过。老虎立即撒开四腿，猛追过去。却不曾想，天黑路滑，脚下一松劲，滚下了山坡。

等猎豹赶到山坡下时,老虎只剩下最后一口气了。"猎豹兄,请告诉我儿子一句话:即使拥有整个世界,一天也只能吃三餐,睡一张床。"说完这句话后,老虎便断了气。

如果老虎能知足于它所拥有的猎物,不去追逐它期望的那只羚羊,也就不会失足丧命。

有一个生前善良且热心助人的人,死后升上天堂,做了天使。他当了天使后,仍时常到凡间帮助别人,希望感受到幸福的味道。

一日,他遇见一个农夫,农夫的样子非常苦恼,他向天使诉说:"我家的水牛刚死了,没它帮忙犁田,那我怎能下田作业呢?"

于是天使赐他一只健壮的水牛,农夫很高兴,天使在他身上感受到幸福的味道。又一日,他遇见一个男人,男人非常沮丧,他向天使诉说:"我的钱被骗光了,没盘缠回乡。"

于是天使给他银两做路费,男人很高兴,天使在他身上感受到幸福的味道。

又一日,他遇见一个诗人,诗人年轻、英俊、有才华且富有,妻子貌美而温柔,但他却过得不快活。天使问他:"你不快乐吗?我能帮你吗?"诗人对天使说:"我什么都有,只欠一样东西,你能够给我吗?"

天使回答说:"可以。你要什么我都可以给你。"

诗人直直地望着天使:"我要的是幸福。"

这下子把天使难倒了,天使想了想,说:"我明白了。"然后把诗人所拥有的都拿走了。

天使拿走诗人的才华,毁去他的容貌,夺去他的财产和他妻子的性命。

天使做完这些事后,便离去了。

一个月后,天使再回到诗人的身边,他那时饿得半死,衣衫褴褛地躺在地上挣扎。于是,天使把他的一切还给他。然后,又离去了。

半个月后，天使再去看看诗人。

这次，诗人搂着妻子，不住地向天使道谢。

因为，他得到幸福了。

老虎想吃到更多的猎物，诗人想要更多的幸福。我们想要过上有尊严的生活，有车有房，有好的工作。一时无法全部得到，我们就不停地去想我们所没有的，并且有一种不满足感。如果我们确实得到想要的，我们又会在新的环境中重新创造这样的想法。因此，尽管我们得到了自己所想要的，我们依旧不高兴。

一位心理学家指出：最普遍的和最具破坏性的倾向之一就是集中精力于我们所想要的，而不是我们所拥有的。这和我们拥有多少似乎没有什么关系；我们只需要不断地扩充我们的欲望名单，这就确保了我们的不满足感。

其实这也是一种心理机制："当这项欲望得到满足时，我就会快乐起来。"可是一旦欲望得到满足后，这种心理作用却不断重复。

幸运的是，有个可以快乐起来的方法，那就是改变我们思考的重心，从我们所想要的转而想到我们所拥有的。不是期望你的爱人是别人，而是试着去想她美好的品质；不是抱怨你的薪水，而是感激你拥有一份工作；不是期望你能去度假，而是想到你家附近亦有乐趣，这有多幸福。

学会知足，要尽力改变你的思考重心，从"我期望生活有所不同"的陷阱中退出来，学会感谢你所拥有的，你就会感到幸福。

幸福没有排行榜

1968 年，第一个踏上月球的航天员阿姆斯特朗因"这是我个人的一小步，却是全人类的一大步"这句话而名垂青史，成为全世界人民心目中的大英雄。

　　然而，当时登陆月球的，除了阿姆斯特朗之外，还有他的队友奥德伦。两人只有一步之差，结果却隔了千里之远，阿姆斯特朗以踏上外星球的第一人闻名于世，奥德伦却默默无名，知道他的人寥寥无几。

　　在庆功宴上，当人们为这一创举感到骄傲不已时，一名记者突然问奥德伦："阿姆斯特朗先下了太空舱，成为登陆月球的第一人，你会不会觉得有些遗憾？"

　　众人纷纷把目光投向奥德伦，看他怎么回答。

　　奥德伦神情自若，微微一笑："各位，千万别忘了，回到地面时，我可是最先走出太空舱的，所以，我是从别的星球来到地球的第一人。"话音刚落，人群中就响起了一阵笑声，化解了尴尬的场面，人们热烈的掌声持续了1分钟之久。

　　有一位思想家说过："不要为自己所没有的东西而感到苦恼，能享受自己现在所拥有的人，才是最聪明的。"法国哲学家孟德斯鸠也说过："假如一个人只是希望幸福，这很容易达到。然而，我们总是希望比其他人幸福，这就是困难所在，因为一般人坚信其他人比自己幸福。"

　　中国台湾女作家张小娴曾经这样问道："如果幸福也有一个排行榜，你会让哪一种幸福排在榜首？"

　　有人说，宅在家里还有钱花，这是最幸福的。然而，有些不工作还穿金戴银的人他们只是感到欢娱，并不幸福；有人说，身体健康最幸福，然而许多拥有健康体魄的人却整天愁眉苦脸，并没有感受到健康是一种幸福；还有人说，今生寻觅到一个爱自己的人最幸福，可是许多人得到了但并没有好好珍惜……

　　一位结婚10年的男士到外地出差，零点，刚下飞机在宾馆住下，他收到妻子发来的手机短信："亲爱的，祝你生日快乐！"他突然感动得流泪了。这一刻他很幸福。

　　回到单位以后，同事们纷纷上前向他道贺："你升职了！"晚上，大家为他举行了一个小型庆祝会，在同事们衷心的祝福中，他说，此刻他也很幸福。

两天之隔两份幸福，一份来自妻子，一份来自同事，只有时间上的前后，并没有其他的区别。

人在失落时一般会问一些哲学命题，比如："幸福是什么?"幸福是悲伤时爱人一个温暖的拥抱，幸福是一个几乎遗忘的朋友在你患难时的问候电话，幸福是久别返乡后又一次听到母亲絮叨的叮嘱，幸福是饥肠辘辘时能够饱餐一顿的痛快淋漓……

我们很难区分这么多幸福中哪一种是最幸福的？幸福是随时随地都会出现的，在每一种幸福出现时，在那时那地都是最幸福的。

我们在一生中会遇到很多种幸福，每一种幸福都化作了一滴感动的泪，都是同样的晶莹剔透，多年以后，在我们的记忆里，它们都变成了珍珠，串连成我们幸福的一生。因为，我们珍惜每一种幸福。

拥有幸福是一件很简单的事，但懂得珍惜幸福却一点儿也不简单。得不到的，不一定最好。对于豁达者而言，第二名、第三名同样幸福。其实做什么事情，都不一定要分出高下，拼个你死我活。

生活，需要的是一种睿智，既要拿得起，还要放得下。

刘德华从不否认自己是一个争强好胜的人，要么不做，要做就做到最好。他希望自己可以赢，但他不是要赢别人，而是要赢自己。他扎扎实实地拍戏，认认真真地表演，对自己严格要求，每一场甚至每一个镜头都要求自己做到最好。

但凡一件事情，是否能够做得到、做得好，不但要看努力，还要看努力的程度。如果足够勤奋，足够努力，老天终究会眷顾你的。

也许，是战争就要斗出个输赢，但是生活中完全没有必要与人争出个高下来。在与人发生争执时，要懂得忍让，其实第二名也一样洒脱。

幸福是心灵的终极活动

亚里士多德是人类最伟大的哲学家、科学家之一，是古希腊文化的集大成者。他不仅在哲学、政治学、逻辑学、历史学、伦理学方面作出了非凡的开创性的贡献，而且在数学、物理学、生物学等自然科学领域起到了奠基性的作用。他的著作对人类社会科学和自然科学的发展产生了极其深远的影响。亚里士多德对于幸福也有着自己独特的解释。

在亚里士多德看来，幸福是人类的终极目的。他认为：每种技艺、每种学科或者每个经过思考的行为和志趣，都是以善为其目的的。由于行为、技艺、学科种类繁多，因此，目的也是多种多样的。有些目的是主导性的，有些目的是从属性的。在行为领域，不是所有的目的都是为了其他目的而存在，否则，辗转相因，以至无穷，人的欲望最终会转入空无。只有那种因自身而被选择，而绝不为他物的目的，才是绝对最后的。只有幸福才有资格称作绝对最后的，我们永远只是为了它本身而选择它，而绝不是为了其他别的什么。在亚里士多德看米，最后的目的就是至善，而至善就是幸福。

幸福是心灵合于完全德行的现实活动。亚里士多德认为，要搞清幸福的真正性质是什么，必须首先回答人的功能是什么。他说，世界上的万事万物都有功能，人的眼、耳、手、足及身体各部分都有其特定的功能，人肯定也有其特殊的功能。生命不能算作人的特殊功能，因为一切生物都有此功能；有感觉的生命也不能算作人的特殊功能，因为一切动物都有此功能。余下，即人的行为根据理性原理而具有的理想生活。理性原理有两种：一是被动的服从理性指示的原理；二是主动的具有和行使理性能力的原理。理性生活亦有被动和主动两种意义。人的功能，如果就是心灵遵循着或包含着一种理性原理的主动作用，那么，人类的善，就应该是心灵合于德行的活动。假如德行不止一种，那么，人类的善就应该是合于最好的和最完全的德行的活动。因为至善就是幸福，所以，幸福就是心灵合于完全德行的现实活动。

德行非生于天性。幸福既然是心灵完全合于德行的现实活动，那么，什么是德行呢？亚里士多德接着对德行作了深入分析。他认为，德行包括理智的德行和道德的德行，如智慧、理解、明智是理智的德行；宽大和节制是道德的德行。理智的德行是由训练而产生和增长的；道德的德行则是习惯的结果。他说，德行的获得如同技艺的获得一样，是要通过行为才能实现的。人由于从事建筑而成为建筑师，由于从事弹琴而成为琴师，由于实行正义而变成正义的人，由于实行节制和宽大而变成节制和宽大的人。决定我们习惯和性格的是行为，同样的行为产生同样的习惯和性格。

要获得幸福，必须奉行中庸之道。在亚里士多德看来，德行就是用以调适情感和行为的。情感和行为都存在着过度与不及的可能，只有德行才能使情感和行为保持适中。过度与不及是恶的特点，而适中则是德行的特点。在鲁莽与懦弱之间选择勇敢，在奢侈与吝啬之间选择慷慨，在无耻与怕羞之间选择谦恭，在傲慢与自卑之间选择自尊，如此等等，一句话，只有避免过度与不及两个极端，贯彻中庸之道，才能获得幸福。

亚里士多德为获得幸福提出了实现途径，那就是在理智的主宰下，奉行中庸原则，使生命获得最大的幸福；按中庸原则行事，作明智的、适当的选择，避免走极端，在和谐中保障幸福，享受幸福；还有利于引导人们破除迷信，破除宿命论观念，积极进取，勇于实践，在实践中主动地寻找幸福，体验幸福。按照亚里士多德的教导为人处世，肯定会在人生道路上多一些正确，少一些错误；多一些和谐，少一些纷争；最终也会多一些幸福，少一些痛苦。

最大多数人的最大幸福

杰里米·边沁是英国著名的法理学家、哲学家、伦理学家，功利主义学说的主要代表。边沁自幼受过良好的家庭教育，15岁就毕业于牛津大学。1772年开始任律师，转而研究法学和伦理学。后来出版《立法理论》一书。在这本书中，边沁继承并创造性地发展了以伊壁鸠鲁为代表的感性主义伦理学的思想精华，形成了以自己的功利原则为核心内容的幸福观。主要观点概括如下：

一、人类一切行为的目的是求乐避苦。边沁说，自然把人类置于两个至上的主人——快乐与痛苦的统治之下。只有他们两个才能够指出我们应该做些什么，以及决定我们将要怎样做。在他们的宝座上紧紧系着的，一边是是非标准，一边是因果的连环。边沁还认为，求乐避苦是一个非常明显的生活事实，我们不仅本能地倾向求乐避苦，而且我们的义务就是做能引起我们快乐的事，拒绝做使我们痛苦的事。人们应当把快乐自身当做目的而不是当做实现目的的手段来追求。

二、幸福就是快乐。边沁说，功利是一个抽象的术语，它表达一个事物使某些恶不能发生或导致某些善发生的性能或倾向。恶即痛苦，或痛苦的原因；善即是快乐，或快乐的原因。凡与某一个人的功利或利益一致的事物，即为有助于增加个人幸福总量的事物；凡与某一共同体的功利或利益一致的事物，即为有助于增加组成该共同体的诸个人的幸福总量的事物。这样一来，快乐与幸福就有了必然联系。既然幸福是善，善是快乐，那么幸福必然是快乐。实际上在边沁看来，幸福、善、快乐是同义词。

三、快乐和痛苦是道德衡量的标准。边沁认为，善不是形而上学的实体，也不是高高在上为凡人难以达到的理想。善就是每一个人在实际生活中能感觉到的快乐。边沁说："当我赞成还是反对某一公共或私人行动时，我看的是该行动导致快乐或痛苦的可能；当我使用正义、非正义，道德、不道德，善、恶等词汇时，我只是将它们作为包含某些痛苦和快乐的理念的集合术语。"他认为，只有给人精神上和感官上带来快乐的东西，才是善，才是美德。衡量是非善恶的唯一标准就是快乐和痛苦。如果曾经被称为美德的行为，其结果不是增加更多的快乐而是增加了更多的痛苦，那么，这种美德就是假美德，人们遵循这种假美德，必然会成为错误的牺牲品。如果曾经被称为恶的行为，其结果不是增加更多的痛苦而是增加了更多的快乐，或者它压根就是无害的行为，是某些单纯的快乐，那么它就不是恶而是善，应该从罪恶的名单中予以删除，并把它看做正当行为依法予以保护。谋求功利是人们行为的动机，也是区别是非、善恶的标准；是自然、人和政府活动遵循的原则，也是道德和立法的原则。

四、个人幸福是社会幸福的基础和条件，社会幸福是其所有成员幸福的总和。边沁认为，不了解个人的利益、个人的幸福，就不能侈谈社会利益和社会的幸福，个人的利益和幸福得不到满足，社会的利益和幸福就无从谈起。社会不过是代表着生活在社会中的个人的总和，因此，社会的利益就是组成社会的某些成员的利益之和，社会的幸福不过存在于最大多数人的最大幸福之中。要保持个人幸福和社会幸福的和谐一致，一方面要依赖于人民在追求个人幸福时，能适当地考虑他人的幸福和社会的幸福；另一方面要靠国家法律来保障。只要国家法律是妥当的和有效的，人们追求个人快乐的行为就不会成为社会秩序的障碍。

五、快乐和痛苦可以度量。边沁认为，人们要想对自己的利益有比较清楚的认识，想要得到更多的快乐，就得很好地权衡和比较行为所产生的价值，通过对某个行为所产生的快乐或痛苦的强度、持久性、确定性、接近性、生产性、纯粹性和广度七个方面的价值计算来衡量好坏，如果快乐的价值大于痛苦的价值，就是好的趋势，反之，则是坏的趋势。

六、政治实质上是一种类似于会计事务的活动。要计算利害关系人的数目，计算社会幸福总量和痛苦总量及其比重，并完全按照最大多数人的最大幸福原则来履行国家的职能。这就要求国家意志和政府的工作必须充分体现人民的利益和愿望，国家应该有一套以实现最大多数人最大幸福为目标的法律，国家应该实行普遍的成年普选权，实行议会年度选举，应该扩大议会权力。只有这样，才能证明国家权威的合理，证明国家权威不是特权阶层鱼肉人民的工具，而是人民利益的永恒来源。

一直以来，人们对边沁的功利主义幸福观持批判否定的态度。认为是狭隘的个人主义、露骨的利己主义、庸俗的享乐主义，是为资产阶级的利益和生活方式作道德上的辩护，其实这种评价是极不公正的。只要我们明白了边沁所处的时代背景，就会认识到边沁的功利主义幸福观对社会的文明进步所产生的积极作用。边沁的时代，正是英国工业革命蓬勃发展的时代，科学技术的进步促进了工农业生产的变革，极大地提高了劳动生产率，带来了商品供应和需求的大幅度增长，进而促进了交通运输业和英国国内外贸易的大幅度增长，从而使英国成为工业文明的发源地和引领世界经济大发展的火车头。但是，统治了欧洲十几个世纪的封建专制主义思想不仅在人们的观念中根深蒂固，成为人们衡量是非善恶的道德准则，而且国家的政治制度、司法制度、经济制度以及其他领域都充满着为维护封建王朝和官僚特权集团利益而限制人民自由的条条框框，其根本目的就是为了榨取人民的财富并使人民变得愚昧。

在黑暗的中世纪，人们的生活完全受到宗教神学思想的控制，把感官快乐都看成是可耻的和有罪的，把禁欲看成是高尚的和有功的，社会赞赏减少快乐的行为而谴责增加快乐的行为。

人被看成是一种生而有罪的堕落的生物，必须不断惩罚自己才能拯救自己。在那个时代，人们普遍忍受着虚幻恐怖的折磨。在边沁的时代，封建专制主义还占有绝对的统治地位。封建专制主义的思想基础是君权神授，国王代表上帝实行统治，国王的意志就是绝对真理。权力自上而下派生，谁的官大谁说了算，决定一件事或者评判一个人完全出于掌权者的内心感觉以及对自己利益的考虑。公共权力往往成为统治者谋私的工具。边沁把最大多数人的最大幸福作为衡量一切善恶是非的根本标准，作为行使国家权力的唯一宗旨，是对君权神授观念的毁灭性打击，为民主政治的建立提供了强大的理论依据。国家的意志体现和任何政治方针都必须服从最大多数人的最大幸福。边沁的幸福观是一把直接刺向禁欲主义和专制主义的利剑，是摧毁专制主义思想堡垒的重型炸弹。边沁的幸福观不仅具有解放思想的进步意义，而且渗透到立法实践中，成为清算封建专制主义残余的行动指南。

如果我们能把边沁的幸福观放到当时的历史背景下评价，如果我们不是简单地"鹦鹉学舌"，而是认真研读边沁为刑法和民法确立的一系列原理，如果我们对依法保护财产所有权对于国计民生的极端重要性有透彻的认识，如果我们再把边沁反对专制、争取普选权、推行民主政治的思想结合起来，我们就不会同意把边沁的观点说成是抽象的人性论，就不会同意用狭隘、露骨、庸俗这些词来形容边沁的观点，也不会同意把边沁说成是资产阶级利益的辩护人。我们就会真正明白边沁思想的实用性、先进性和人民性。

边沁关于计算快乐和痛苦的思想，也经常受到人们的嘲讽和责难。事实上，边沁只是给人们提出了一种更为精细的权衡行为利弊得失的思维方法。人们为什么会经常犯错误，主要原因就是听自己内心的声音、跟着感觉走、拍脑袋、想当然；就是因为认为："我有权，我官大，我要说了算，我不喜欢听与我的想法不同的意见。"就是盲目地迷信权威、服从权威。如果不想犯因为这些原因引起的错误,除了对行为可能产生的结果进行正反两方面的价值考量,还会有哪些更为科学的方法呢?科学决策的过程不就是对价值量的计算过程吗?

当然,与任何一位伟大的哲学家、思想家一样,边沁的幸福观不可能是完美无缺的。把幸福定义为快乐,把善局限于快乐,不能不说是边沁思想的一个历史局限。事实上,快乐不能完全和幸福画等号。这是因为:第一,从生理上来讲,快乐的感觉还不足以完全准确地感应有机体真实合理的需要,完全跟着快乐的感觉走会把人引入歧途;第二,从心理上来讲,由于人类的理解力是极其有限的,人们所接受的很多观念是虚假的、荒谬的,有不少人压根就是愚蠢的、心智混乱的,因此,很多的心理需要都是虚浮的、有害的、非合理的,满足这些需要而产生的快乐最终都必然转化为痛苦,也不能看做幸福。由此可见,不能把快乐与幸福画等号,更不能把善仅限于快乐和快乐的原因。如果要把快乐和痛苦作为善恶衡量的判据,就应该还有一个衡量快乐和痛苦的判据,能够把产生快乐的快乐与产生痛苦的快乐区别开来,把产生快乐的痛苦与产生痛苦的痛苦区别开来。否则,就会像边沁那样把暴力情感、反社会情感、希望看到他人忍受痛苦也列入快乐目录中,也看做一种善予以追求。而把同情和怜悯列入痛苦的目录,看做一种恶而予以排除。此外,把追求快乐作为人生的根本目的,的确存在着过于忽视理性作用,存在着把人们引向极端享乐主义歧途的倾向。

幸福是 "遵从理性正当的作为"

伊壁鸠鲁是古希腊伟大的唯物主义哲学家。他曾经在雅典创办学园,传播德谟克利特的唯物主义思想,与柏拉图流传的学派进行针锋相对的思想斗争。伊壁鸠鲁的著作大多已失传,现在流传下来的仅为一些著作残篇和几封信。伊壁鸠鲁在《致美诺寇的信》中，深入地阐述了他的幸福观，概括起来有以下几点：

一、肉体的健康和灵魂的平静乃是幸福生活的目的。他主张人应该按照是否有利于肉体的健康和灵魂的平静，自由地去寻求和享受人间的快乐，因为趋乐避苦是人的本性。他说，幸福生活是我们最高的善，我们的一切取舍都从快乐出发，我们的最高目的乃是得到快乐，而以感触为标准来判断一切的善。

二、快乐是指身体的无痛苦和灵魂的无纷扰。伊壁鸠鲁说，当我们说快乐是终极目的时，我们并不是指放荡者的快乐或肉体享乐的快乐，而是指身体的无痛苦和灵魂的无纷扰。不断地饮酒取乐，享受男欢女爱，或享用有鱼的盛筵，以及其他珍馐美味，都不足以使生活拥有真正的幸福。他认为，快乐的量的极限，就是一切能够致使痛苦的事物的排除，在快乐存在之处，只要快乐持续着，则身体的痛苦，或心灵的痛苦都是不存在的。当某些快乐会给我们带来更大痛苦时，我们每每放过许多痛苦过后的快乐；如果我们忍受一时的痛苦而可以有更大的快乐随之而来，我们就认为有许多痛苦比快乐还好。

三、遵循理性和美德是幸福的保障。一个人要想获得幸福，就必须摆脱偏见，就得学习自然规律的知识，学习哲学。伊壁鸠鲁说，使生活愉快的乃是清醒的理性，理性找出了一切我们取舍的理由，清除了那些在灵魂中造成最大的纷扰的空洞意见。哲学的目的是追求人的幸福，青年人和老年人都应该学习哲学。一个人如果能明智地、正大光明地、正当地活着，就一定能愉快地活着；一个人如果不能明智地、正大光明地、正当地活着，就不可能愉快地活着。因为各种美德都与愉快的生活共存，愉快的生活是不能与各种美德分开的。

四、要使灵魂平静，就必须消除对神鬼、对死亡的畏惧，因为这些都会扰乱灵魂，使人难以享受到真正的快乐。伊壁鸠鲁认为，神不管人间的具体事，人死后灵魂也就随之消散了。因此，人用不着畏惧神鬼。他说，死对于我们无干，因为凡是消散了的都没有感觉，但凡无感觉的就是与我们无干的。当我们存在时，死亡对于我们还没有来，而当死亡时，我们已经不存在了。贤者既不厌恶生存，也不畏惧死亡；既不把生存看成坏事，也不把死亡看成灾难。

一切善恶吉凶都在感觉中，而死亡不过是感觉的丧失。一个人如果正确地理解到终止生存没有什么可怕的，对于他而言，活着也就没有什么可怕的。

五、要使灵魂平静，还必须克制对权势、对财富的贪欲。伊壁鸠鲁主张把物质欲望减少到最低限度，过简朴的物质生活。他认为，渴望财富与荣誉这样一些愿望是徒劳无益的，因为它们会使得一个本可满足的人得不到安宁。他劝告弟子们逃避公共生活，因为与一个人所获得的权势成正比，嫉妒他因而想要伤害他的人数会随之增加。有智慧的人必定努力使生活默默无闻，这样才可以没有敌人。

伊壁鸠鲁对幸福的定义奠定了人本主义幸福观的基础，其重大意义在于：否定灵魂不死说，反对把灵魂进天堂作为人生的最终目的，消除人们对死亡的恐惧和对死后灵魂归宿的担忧，从而有利于把人们从各种精神枷锁中解放出来；确立了以人为本的理念，肯定趋乐避苦是人的本性，有利于引导人们自由的满足自己应当满足的合理需要，在追求现世的快乐中享受幸福；有利于明确生活的根本目的，使人们在追求生理和心理两个方面的快乐中，有衡量幸福的客观依据，不至于被财富、权势、美色所累而陷入痛苦的深渊；追求灵魂的平静从方法论的角度来讲，也非常有利于保持心理平衡，预防和减少各种不良情绪对人体的损害。伊壁鸠鲁虽然主张应该按照是否有利于肉体的健康和灵魂的平静，自由地去寻求和享受人间的快乐，但是，他明确反对极端享乐主义和纵欲主义，承认理性和美德对于幸福生活的重要作用。在这一点上又与亚里士多德走到了一起。

　　但是，伊壁鸠鲁对幸福的定义的外延还不够宽，不足以包含所有幸福的具体内容，缺失了成就需要应有的位置，忽视了价值实现的极端重要性。伊壁鸠鲁所说的灵魂的平静仅仅是相对于活动而言的一种心理状态，是恬静、不动心。他并没有给灵魂的平静赋予社会的伦理的含义，缺乏社会化的目标，带有浓厚的个人主义和保守主义色彩。按照伊壁鸠鲁的幸福观，必然会得出这样的结论：既然幸福就是没有痛苦地活着，那么，人活着的意义仅仅是为了活着。事实上，如果生活中缺失了积极进取，缺失了对社会成就和价值实现的需要和追求，人的创造性和潜能的发挥就缺乏动力，人就不能充分地实现作为社会系统要素的功能，也就难以获得成就需要的满足带来的巨大幸福。一个只为自己活着的人，与一个既为自己活着又为他人活着的人相比，其生命的光焰就会黯然失色，而后者的人生则会更有价值、更有意义，也必然更为幸福。可能后者要多一些操劳，多一些纷扰，灵魂不那么平静，但是，由一千亿神经元构成的大脑原本就是为了发现问题、解决问题的，也正是在思虑问题的过程中，人的潜能才能逐渐地发挥出来。人的大脑若不去思虑，不去操劳，不去想方设法解决难题，一点纷扰都没有，也肯定不是一种最好的状态，因为，这样会使人脑退化。此外，人生在世如果没有拼搏，就没有财富的积累，就不会有长期维持生命和健康所必需的物质保障，也就没有灵魂平衡赖以存在的基础；如果没有拼搏，就没有事业的成功，人生的价值就不能充分实现，灵魂也就不会放射出应有的光芒。那些年迈的、病弱的、一无所长而又无所作为的人如果接受了伊壁鸠鲁的幸福观，毫无疑问是非常有好处的，肯定会减少一些痛苦，增加一些幸福，因为，他们已经不具备满足更多需要增加更多幸福的条件；而那些年轻的、健康的、本可以大有作为的人如果接受了伊壁鸠鲁的幸福观，却一点好处都没有，因为有可能满足的需要不去满足，有可能增加的幸福不去增加，无异于增加痛苦减少幸福。一个人的能量如果得不到应有的释放，也不会有真正的灵魂平静。

从 "需要层次论" 到 "幸福层次论"

亚伯拉罕·马斯洛是享誉全球的美国社会心理学家、人格理论家和比较心理学家，是人本主义心理学的主要发起者和理论家。上大学期间，马斯洛师从著名心理学家哈洛，攻读心理学，1934 年获得博士学位。之后，一直从事心理学的教学和研究，曾任美国人格与社会心理学会主席和美国心理学会主席。

《动机与人格》一书是马斯洛学说的奠基之作，正是在这部著作中，马斯洛提出了世人皆知的需要层次理论和自我实现理论，并比较集中地阐释了自己的幸福观，可概括如下：

一、幸福是需要的满足。马斯洛说，基本需要必须得到满足，否则我们将要得病。基本需要的满足会导致各种各样的后果：产生有益的、良好的、健康的、自我实现的效应。任何真正的需要的满足都有助于个人的改进和健康发展。任何基本需要的满足，都是背离神经病的方向而向健康的方向迈进了一步。还说，患神经病的机体是一种缺乏某些满足的机体。在马斯洛看来，满足各种各样的需要，是人一切行为的动机，也是幸福的源泉，人的幸福来自于需要的满足，如果没有需要的满足，人既不可能有生理健康的幸福，也不可能有精神健康的幸福。

二、需要是分层次的。马斯洛认为，所有的需要都可以归结为五个层次，即基本需求、安全需求、归属与爱的需要、尊重需求和自我实现的需要。基本需要虽然是低级需要，但是，优势需要是满足其他需要的基础，也是推动人们行动的强大动力。安全需要是比生理需要较高一级的需要。当生理需要得到一定程度的满足后，安全需要就会凸显出来。当安全需要满足后，机体会被从担心、不安、焦虑、紧张的状态中解放出来，去寻求爱、归属、独立、尊重、自尊等。归属与爱的需要，是指个人渴望成为家庭或者社会共同体的一分子，是对友情、信任、爱情的需要。尊重的需要可分为自尊、他尊和权力欲三类，包括自我尊重、自我评价以及尊重别人。尊重的需要很少能够得到完全的满足，但基本的满足就可产生推动力。自我实现的需要是最高等级的需要，满足这种需要能最充分地发挥自己的潜在能力，使自己趋于完美。马斯洛认为，人都潜藏着这五种不同层次的需要，但在不同的时期表现出来的各种需要的迫切程度是不同的。人的最迫切的需要才是激励人行动的主要原因和动力。在高层次的需要充分出现之前，低层次的需要必须得到适当的满足。每一层次的需要及其满足状况，不仅决定个体人格发展的境界，也决定一个人的幸福状况。

三、幸福在需要不断满足、不断升华的过程中体验。马斯洛说，我所观察到的需要的满足只能产生短暂的幸福，这种幸福又会趋向于被另一种（希望是）更高级的不满所接替。人类想要得到永久幸福的希望看来是永远也实现不了的。当然，幸福的确降临过，是实实在在可以看到的。人类似乎从来就没有长久地感到过心满意足——与此密切相关的是，人类容易对自己的幸福熟视无睹，忘记幸福或视它为理所当然，甚至不再认为它有价值。任何需要的满足所产生的最根本的后果是这个需要被平息，一个更高级需要的出现。

四、低级需要是优势需要，但高级需要的满足能够给人带来更大的幸福。马斯洛在《动机与人格》第七章专门比较了高级需要与低级需要的差异。他认为，在各种需要都难以满足的情况下，越是低级的需要越强烈、越重要；在各种需要都有条件满足的情况下，越是高级的需要越具有更大的价值。他说，生活在高级需要的水平上，意味着更大的生物效能、更长的寿命、更少的疾病、更好的睡眠、更好的胃口等。高级需要的满足能引起更合意的主观效能，即更深刻的幸福感、宁静感以及内心生活的丰富感。追求和满足高级需要代表了一种普遍的健康趋势，一种脱离心理变态的趋势，具有有益于公众和社会的效果。需要的层次越高，爱的趋同范围就越广。此外，需要的层次越高，心理治疗就越容易，并且越有效，而在最低的需要层次上，心理治疗几乎没有任何效用。自我实现的人是各层次的需要都得到较充分满足的人，因而，自我实现的人是最幸福的人。

五、要想成为自我实现的人，就得具备多方面的优秀品质。马斯洛通过对林肯和托马斯·杰弗逊两位历史人物的研究，通过对爱因斯坦、罗斯福、斯宾诺莎等同时代有卓越贡献的当代人的研究以及借鉴其他人的研究资料，总结出了自我实现的人所具备的共同品质，从而为人们走上自我实现的道路，争取更大的幸福指明了方向。这些共同的品质是：（1）对确实存在的事物具有深刻的洞察力，对未来的预测具有较高的准确率。因为他们在感知世界时，较少地受愿望、欲望、焦虑、恐惧的影响或较少地受由性格决定的乐观或悲观倾向的影响，不会掺杂自己的主观愿望和成见，而是按照客观世界的本来面貌去反映。（2）对自我、他人和自然的接受。（3）在人际交往中，具有流露自己真实感情的倾向，他们不会装假或做作，他们的行为坦诚、自然。一般而言，他们都有足够的自信心和安全感，这就使得他们足以真实地表现自己。（4）以问题为中心，而不是以自我为中心。（5）具有超然独立的特性和离群独处的需要，为了在减少干扰的条件下更好地深思，以便去寻求更为合理的解决问题的方案。（6）具有自主性，由成长性动机所推进而不是由匮乏性动机推进，因而他们更多依赖自己而不是外部环境，能够抵制外部环境和文化的压力，独立自主地发挥思考的能力，自我引导和自我管理。（7）能够对周围现实保持奇特而经久不衰的欣赏力，充分地体验自然和人生中的一切美好东西。（8）能够经常地感受到一种视野无垠的令人狂喜、惊奇、敬畏以及失去时空感的神秘的高峰体验。（9）对人充满爱心。他们所关心的不仅局限于他们的朋友、亲属，而是扩及全人类。他们已经把自己从满足自身狭隘需求的牢笼中解放了出来。（10）具有深厚的友情，他们能够像关心自己一样，关心所爱者的成长与发展。（11）具备民主的精神，极少偏见，愿意向一切值得学习的人学习。（12）区分手段与目的，强调目的，手段必须从属于目的。（13）富于创造性，具有独创、发明和追求创新的特点。（14）富于哲理的善意的幽默感，处事幽默、风趣，善于观察人世间的荒诞和不协调现象，并能够以一种诙谐、风趣的方式将其恰当地表现出来。（15）不落俗套，反对盲目遵从。

上述自我实现的人所具备的这些优秀品质，实际上是马斯洛对什么样的人才是终身最幸福的人的生动而又具体的阐释。

以马斯洛为代表的动机理论学派，把幸福定义为需要的满足，这无疑是一个巨大的进步。因为这个定义能够涵盖一切幸福的具体形态，更为深刻地揭示了幸福的本质，能够解释人类生活的现实。残羹剩饭之所以相对于饥饿的乞丐是幸福，因为乞丐体内营养缺失了，他需要能够食用的东西；重逢对久别的恋人来说是幸福，因为他们太渴望在一起了，他们需要爱；名校的录取通知书对于参加高考的学子是幸福，因为名校能够满足他们学到更多知识进而争取到更好前程的需要。我们所体验到的任何一种幸福都毫无例外的是某种需要满足的结果。马斯洛的伟大功绩还在于划分了需要的层次，从整体论的角度揭示了各需要层次之间的内在联系。马斯洛的自我实现理论是一个非常有实用价值的理论，为人们指出了实现幸福目的的一些可靠的途径和方法。

但是，马斯洛虽然对需要进行了层次上的划分，但未能对需要进行性质上的区别，未能对人类需要产生的误区予以足够的重视，未能看到需要产生过程中的愚昧和偏见。大量的现实生活告诉我们，不是所有的需要都是真正的需要，不是满足任何需要都会给人们带来幸福的。人们所希望得到的东西有相当一部分是反自然的、虚浮的、不合理的。人们为那些并不需要的东西煞费苦心不仅是徒劳的，而且是非常有害的。人间的许多灾难和痛苦都是人们在对需要的认识和选择上的错误造成的。

此外，人们需要的产生并不一定是一个由低级需要到高级需要依次升华的过程。除了产生于体内生理驱力的需要以外，人类大部分的需要都产生于学习、模仿等各种外部诱因的刺激，是后天得到的。人的成长过程，类似于人类的进化过程。刚出生的婴儿的需要都产生于内部的生理驱力。但是，随着年龄的增大，儿童会因各种外部诱因的刺激而产生越来越多的习得性需要。孩子们在成长过程中通过外部刺激产生的需要的性质、种类、数量，对儿童后来需要结构的形成和人格的形成会产生重要影响。大量的事实说明，低级需要的满足，并不一定必然地催生出高级需要。我们从现实生活的实际状况中，看不到随着富人的增多和社会富裕程度的提高而必然产生人们需要境界的提高和社会道德水准提高的趋势。相反，我们在富人们身上看到更多的是生活的腐化、精神的颓废和道德的堕落。富人家的孩子普遍没有穷人家的孩子学习更为刻苦。极端自私的人无论多么有钱，都不会因为财富的积累而自动地产生救苦救难的慈善心肠和捍卫正义的社会责任。例如，大大小小的"和珅"，他们的幸福观中积累财富是最终的目的。而品德高尚的人无论多么贫穷，他们都会把满足高级需要视为主要的幸福源泉。需要产生的习性特点说明，人的需要的产生并不一定是按照由低级到高级的顺序依次出现的，而往往与外源性刺激出现的时间紧密地联系在一起。尤其在人民逐渐富裕起来，温饱问题已经解决，威胁生命存在的极度饥饿很少见到的情况下，一个人需要结构的形成和需要层次的高低往往不是取决于较低层次的需要的满足状态，而是取决于遗传和所受到的家庭、学校和社会环境的影响，取决于他们在成长过程中接受了一些什么样的观念，养成了一些什么样的行为习惯。

幸福是放弃与努力之间的一种平衡

伯特兰·罗素是 20 世纪英国哲学家、数学家、逻辑学家、历史学家，无神论或者不可知论者，也是上世纪西方最著名、影响最大的学者和和平主义社会活动家之一，1950 年诺贝尔文学奖得主。在罗素的眼里，幸福就是放弃与努力之间的一种平衡。对此，罗素曾经有过这样的论述：中庸之道是一种乏味的学说，记得我年轻时就曾轻蔑而愤慨地拒绝过它，因为那时我崇拜英雄式的极端主义。然而，真理并不总是有趣的，虽然并无多少别的依据能够证明中庸之道是这方面的一个例子；它也许是一种乏味的学说，但在许多事实中它却是真理。

必须保持中庸之道的原因之一，乃是考虑到保持努力与放弃的平衡的需要。幸福不像成熟的果子，仅仅靠着幸运环境的作用就能掉进你的嘴里。由于这世界充满了如此之多的，有些可以避免、有些却不可避免的厄运，还有如此之多的疾病和心理症结，如此之多的斗争、贫穷和仇恨，所以，一个人要想成为幸福的人，就必须找到一些方法来对付每个人都会碰上的诸多不幸。在极少数的情况下，幸福来得不费吹灰之力。一个性情温和的男人，继承了一大批财产，而又身体健康、爱好简单，他便可以舒适地在生活的殿堂漫步，全然不知人们乱哄哄地在忙些什么。一个从来就好逸恶劳的漂亮女性，如果偶然嫁给了一个富有的丈夫而无须她操劳，并且如果婚后她不怕渐渐发胖，在生儿育女方面又有好的运气，那她同样地可以享受一种懒散的幸福。但这种情形实在少见。大多数人并不富裕，许多人生性并不随和，或有着不安的情绪，使他们不能忍受宁静而有节律的枯燥生活。而健康的福气并不是人人都能有的，婚姻更不是幸福之源。基于这种种原因，不管是男人还是女人，他们的幸福必须是一种追求、而不是上帝的恩赐，而在这一追求中，内部努力和外部努力都具有很大的作用。内部努力可能包含了必要的放弃，因此，目前我们只讨论外部努力。

任何人，不管是男人还是女人，都必须工作才能生存，在这种情况下，就没有必要再强调努力这一点了。印度拓钵僧确实不必努力便可生存，他只要捧出他的钵来接受信徒的施舍就行。然而在西方国家，当局并不赞同这种获得收入的方式。同时，西方的气候也使得这种方式缺少乐趣，因为这儿不比炎热而干燥的国度：无论如何，在冬天，几乎没有人会如此之懒，以至于宁可去外面游荡，也不愿意在有暖气的房间里工作。所以，单是放弃在西方并不是一条走向幸福之路。

对于西方国家中的绝大部分人来说，仅仅温饱的生活不足以带来幸福，因为他们还需要有成功的感觉。在某些职业中，例如科学研究中，那些并无丰厚收入的人可以获得这种感觉，但在大部分职业中，收入成了成功的尺度。在这一点上，我们触及到了一种事实，即：在绝大多数情况下，由于在这个充满竞争的世界上，只有少数人才能取得耀眼的成功，所以，适度的放弃是必要的和可接受的。

在婚姻中，努力可以是必要的，也可以是不必要的，这要看不同的情形而定。在那些某一性别的人居于少数的地方，例如男人在英国和女人在澳大利亚，这种情况一般无须努力，便可以如愿以偿地结婚。不过，如果这种情况的人居于多数，那情形就会相反了。谁要是研究一下妇女杂志上的广告，就不难发现，在女子占多数的地方，如果她们中的某人想要结婚，就得花费较大的力气和心思。在男人占多数的地方，他们为达到结婚的目的，往往采用更加直截了当的方法，如采用手枪。这很自然，因为大多数男人是经常处于文明的边缘的。如果有一场瘟疫只让男人幸免而使他们在英国成为多数，我真不知道他们会怎么办，他们也许又会恢复过去的殷勤而又豪爽的风度。

花费在成功地哺育孩子上的努力是如此之明显，以至于没人会否认它。信奉放弃主义以及被误解了的所谓"精神至上"的生活观的国家，其儿童死亡率是极高的。不依靠世俗的职业，就不可能获得药物、卫生、无菌操作、合适的食物。这些东西能够使人获得应付物质环境的能量和智慧。凡是将物质看成幻象的人，也往往无视灰尘的存在，结果导致了孩子的死亡。

一般来讲，有人也许会认为，只要人的天生欲望不曾泯灭，那么这种权力欲就是每个人的正常而又合法的目标。人希望获得何种权力依赖于他的主导热情。有的人想要控制别人行为的权力；有的人企求控制别人思想的权力；有的人希冀控制别人情感的权力。有的人希望改变物质环境，有的人想通过掌握知识来获得权力的感觉。每一件世俗工作都包含了某种权力欲，除非它仅仅以发财为目的。一个因目睹人类的悲惨命运而纯粹为他人感到悲痛的人，他的痛苦是真诚的，将渴望能减轻人类的痛苦。对权力完全冷漠的人，只能是那些对同胞毫无感情的人。因此，对某种形式的权力欲，当它成为某些人的部分品质时，应该加以承认，因为这些人能建立一个更为美好的社会。任何形式的权力欲，如果它并未遭受挫折的话，总是包括了相关形式的努力。这在西方人的思想中，也许是在老调重弹，但是在西方国家，现在与所谓的"东方智慧"者眉来眼去的人并不在少数，而东方人却正在抛弃它。对上述这些西方人来说，我们以上所说的一切都是成问题的。如果真是如此，老调也是值得重弹的了。

然而，放弃在征服幸福的过程中也起着一定的作用，这种作用比努力所起的作用并不逊色。虽然聪明的人不愿意在可以防止的不幸面前坐视不管，但他不愿意在不可避免的灾难上徒费时间和精力，而且即使这些灾难本身是可以战胜的，但只要它们会引起时间和精力的过分消耗，以致妨碍他追求更为远大的目标，那么他也宁愿屈服，许多人为了一点不顺心的小事便会焦虑不安或者过分恼怒，这样就空耗了不少有用的精力。

一个人即使在追求真正重要的目标时，也不应该陷得太深，使可能出现失败的想法长久地困扰着自己，威胁心灵之平静安宁。基督教告诫人们遵从上帝的意志，即使那些不接受这一说教的人，也应该在自己的活动中贯穿着某种信仰。在实际工作中，效率与我们对这一工作的感情并不谐调。说实在的，感情有时倒是效率的绊脚石。恰当的态度应该是：尽力而为，把得失留给命运去安排。放弃有两种形式，一种来自于绝望感，一种来自于倔犟的希望。前者是不好的，后者是好的。一个遭受了彻底失败而对重大成就失去了希望的人，可能学会绝望的放弃。如果他真的学会了这种放弃，他便会抛开所有的重要活动，并用宗教教义或者感到上帝的存在才是人生的真正目标这种学说来掩饰自己的绝望。然而，无论他用何种伪装来隐藏内心的失败感，归根到底他是无用的和不幸福的。而将放弃建立在倔犟的希望之上的人，则做得完全不一样。倔犟的希望一定是伟大而非个人的。

不管情形如何，纯粹个人的希望是无法避免破灭的命运的，然而如果个人的希望只是人类的伟大希望的一部分，那么个人希望的破灭就不会是彻底的失败。一个希望伟大发现的科学家可能会失败。或因头部被击而不得不放弃工作，但如果他由衷地希望科学进步，而不仅仅希望个人有什么贡献，那么他便会像那些纯粹为了研究而研究的人，对之感到绝望。一个人为了极迫切地革新而辛勤工作，结果却发现自己所有的努力全被战争夷平，或者发现在他有生之年自己为之艰苦奋斗的东西不会出现但他不必为此而陷入彻底的绝望之中，只要他关切的是人类的命运，而不仅仅是自己能否参与其中。

上面所说的放弃都是最难做到的。另外还有一些放弃做起来要容易得多。在这种情况下。只有次要的目标受到了牵制，而人生的大目标仍然展示了成功的前景。例如，一个从事重要工作的人，如果由于婚姻的不幸而心神不定，那么他就不能在应该放弃的地方放弃；如果他的工作确实吸引人，他就应该将这类偶然的麻烦当做是潮湿的天气一样，谁要是对这种种令人讨厌的小事大做文字，那真是愚不可及。

有些人不能忍受那些小麻烦，而如果任其自生的话，便构成了生活的绝大部分。如果这些人误了火车，他们会雷霆大发；如果饭煮坏了，他们会怒火冲天；如果火炉漏烟，他们会陷入绝望；如果洗衣店没有及时送还衣物，他们会发誓要对整个工业体系进行报复。这些人在小麻烦上所浪费的精力，如果用得其所，足够聪明的话，足可以建成或毁灭一个帝国。明智的人则不会注意到女仆没有拂去灰尘，厨子没有煮好土豆，扫帚没有扫去烟垢。我并不是说他即使有时间，对之也不采取办法加以补救。我只是说他不动感情地对待它们。焦虑、烦躁、恼怒，都是没有用处的办法。那些强烈地感到这些情绪的人，也许会说他们无法克制这类情绪，而我也不知道，除了前已述及的那一根本的放弃之外，还有什么办法可以克制它们。集中精力于实现伟大的非个人的希望，不仅能使一个人承受住个人工作中的失败或婚姻生活的不幸，而且也使他在误了火车或将雨伞掉在泥沼中时不再烦躁不安。

许多充满活力的人认为，哪怕是最轻微的放弃、最雅致的幽默，都将消耗他们借以工作的精力，同时，正如他们相信的那样，损及他们借以取得成功的决断力。这些人在我看来，他们是不对的。那种值得一做的工作，即使那些在工作的重要性上，或者在完成工作的难易程度上并未自我欺骗的人，也可以顺利地完成。而那些只有靠自我欺骗才能工作的人，最好在开始工作前先学会如何接受真理，然后才继续其工作，因为靠骗人的鬼话来支撑的需要，或迟或早会使他们的工作变得有害无益。既然有害，就不如干脆什么也不做了。世上一半的有益的工作，是在与有害的工作作斗争的。把少量的时间用于学会鉴别事实，这不是浪费，因为以后所做的事便不大可能是有害的，而那些需要自我的一贯膨胀来刺激其精力的人，他们做的工作就不同了。在面对自我的真相时，虽然开始时会有一定的痛苦，但最终却给予你一种保护——实在是唯一可能的保护——使你免遭自欺者常有的失望和幻灭感。没有什么比天天试图相信越来越变得不可信的东西更令人疲倦了，如果长此以往，那就是更令人恼怒的了。放弃这一努力，乃是获得可靠而又持久的幸福的必要条件。

中国传统文化的幸福观

中华文明博大精深，对幸福的深刻论述比亚里士多德等人早了两千年。据《尚书》记载，早在大禹治水的年代，我们就已经有了"上天赐予"，实际是经上古"三皇五帝"以来历代积累并传承的一部治国方略——《洪范九畴》，"洪范"是大法的意思；"九畴"是九个方面。其中第九个方面就是人生的五种幸福和与之对应的六种困厄，五种幸福是："　口寿，二口富，三曰康宁，四曰攸好德，五曰考终命。"意思就是，幸福包括长寿、富裕、健康、遵行美德和享尽天命后安然而死等五个方面。后来，汉代思想家桓谭又把它们重新概括为"寿、富、贵、安乐、子孙众多"。"五福"观念就是我国传统的幸福观。

在漫长的历史发展中，对于幸福的理解有以下几种不同的观点：

（1）儒家德福一致的幸福观。

儒家把寿命、富贵等幸福的要素看成是外在的，是由上天或命运决定的，唯有"德"是人自身可以把握的，能够通过人的努力而获得。

传统儒家幸福观主张德福一致，认为道德与幸福内在融于一起。儒家强调美德对于幸福的重要性，认为一个人如果没有美德，就不可能获得幸福，人生的幸福体现在个人的善行之中，人们不断提升个人美德的过程就是追求幸福的过程。而为了修炼美德，就不能执著于物质生活的享乐之中，即便是"一箪食，一瓢饮"，只要能够修得高尚的品德，这样的苦行精神也是值得赞颂的。在儒家那里，幸福只是道德的伴随物或附属物，并不具有完全独立的意义，一个人有了美德，幸福也就随之产生。

传统儒家幸福观主张仁爱幸福。这一观点与德福一致存在着内在的联系，因为美德要求人们不能只注重个人的幸福，而应当将个人的幸福融于社会的整体利益和整体之中。仁爱是儒家伦理思想中的核心概念，仁就是恩及四海，就是博爱，它要求人不能只顾自己的利益，要对他人施与善心，尽可能多地帮助他人，在他人遇到困难的时候要提供支持。仁爱幸福体现的是"自我独乐不如与民同乐"的幸福境界，实行仁爱的方法是"能近取譬""推己及人，将心比心""老吾老以及人之老，幼吾幼以及人之幼"，最终实现普天下人的共同幸福。

（2）道家合于自然的幸福观。

与儒家幸福观不同，道家主张合于自然的幸福，认为万物的本然状态是最好的状态，一个人是否享有真正的幸福，不是看一个人是否拥有财富、地位和知识，也不在一个人是否具有他人所尊崇的德行，而在其是否合于道或自然，如果顺应自然之性，就能得到最大的幸福，所谓："与天和者，谓之天乐。"

在老子看来，世界是一个运动的世界，其最重要的表现就是事物总是会向自己相反的方向转化。他提到很多辩证关系，如动静、高下、长短、祸福等。而祸福是一对贯穿一个人一生的概念，福与祸的转化过程就是人的生活的全过程。因此，幸福是一种辩证运动的过程，是一种内心和谐的运动状态。

老子认为，幸与不幸的关系是辩证的，是互为基础又是可以相互转化的。"祸兮福所倚，福兮祸所伏。孰知其极？其无正邪！正复为奇，善复为妖。人之迷，其日固久。"（《道德经》）其意是说祸与福乃一种相互依存的关系，"祸正是福的依靠，福正是祸的潜藏之处。谁能说清楚祸或福发展到什么样的极限就会向反面转化呢？这个问题本来就是不可能有确切无误的答案的。正常的事情发展下去可能成为反常，好事发展下去也可能变成坏事。"怎样理解祸与福的这种辩证关系，是获得人生幸福的基础。

道家告诫人们，在现实的生活中，不必太在意一件事情在当下来说是祸或是福，从辩证的思维看，一种因素中往往潜伏着对立的因素，祸与福双方是可以转化的。老子进一步阐述道："祸福无门，唯人所召。"认为祸、福虽难以预测，但可以依靠人的努力去转化和维护，从而在祸福面前形成更为平和的心态，达到一种坦然而和谐的幸福状态。在老子的思想中，世间万物都是运动的。对于人的行为而言，"无为"并不是不行动，而是顺应自然而动，"不争"亦不是不行动，而是回归事物的自然本性，是一种如水一般的运动。人通过各种行动而使内心得到满足，在这种满足之后，又会产生新的需要，人在动态的行动中满足自我，从而产生幸福感。道家把幸福理解为一种运动的过程，在运动中把握幸福，才能使幸福在生命的运动中持续存在。

道家并不否认人的需要或欲望，认为人的需要或欲望都不是确定不变的，而人产生正常的需要和欲望也是可以理解的，但贪欲却是祸害的源泉。老子说："罪莫大于可欲，祸莫大于不知足，咎莫大于欲得。故知足之足，常足矣。"罪过没有比填不满的欲望更大，祸害没有比不知道满足更大，灾难没有比贪得无厌更大，所以，一个人懂得满足而感到心满意足，就能经常处于满足和幸福的状态。

（3）墨家义利并重的幸福观。

春秋时期，社会上充斥着天命论、宿命论的观点，人们相信福寿、贵贱、贫富是由上天安排的，人力无法改变，只能通过占卜知晓天意而按其行事或通过祭祀取悦上天以求赐福于人。墨家力排众议，"明天志"但"非天命"，对当时预定论的天命观提出了尖锐的批判。墨家也讲敬畏天，但认为"天"不是世间万物、人事祸福的主宰者，而是一个判断是非、赏善罚恶的监督者。天不能决定人的命运，"官无常贵，民无终贱"，人也不必听命于天，人的幸福掌握在自己的手中，凭借的是自己的"强"与"力""强"指奋发图强，"力"为努力劳作，"强必富，不强必贫；强必饱，不强必寒""赖其力者生，不赖其力者不生"。

墨家认为，幸福的获得除了需要强力之外，还必须以"义"为其做合理性辩护。"万事莫贵于义""义"是墨家思想的核心概念之一，与"明天志"一脉相承。"天志"表现在人间就是"义"，求利而思义，人的强力必须限制在"义"所允许的范围之内，来追求幸福的生活，因而，对老百姓的幸福观影响更为直接。对生命价值、家族兴旺的重视，形成了民间的寿禄幸福观。

第四章　幸福的一千个答案
——平凡人的平凡幸福

幸福是由一个个小幸福构成的

有人说，人生就是一个茶几，充满了"杯具"（悲剧）。

有人说，生容易，死容易，生活不容易。

有人说，幸福是一杯太易喝干的美酒。

其实，幸福是一些很小的事情。把这些很小的事情仔细地聚集在一起才会发现，美丽无处不在。搜罗起这些小小的幸福，做成一枚一枚的标本，藏在记忆的储物架上，在每一个想要幸福的时刻，去回味它们。

一个女人说：

幸福就是在深秋的星期日，赖在被窝里看自己喜欢的电视剧，耳边伴着老公和女儿在客厅里玩游戏时传来的笑声。

幸福就是3岁的女儿仰起她稚嫩的脸，气呼呼地对我说："你和我吵架的时候不再像我妈妈了！"随后在和我认错后在我脸上印的那个甜甜的吻。

幸福就是女儿开心大笑时那灿烂纯真的笑脸和那排洁白整齐的牙齿所传递给我的快乐。

幸福就是老公下班时在超市里买回来送给我的西兰花被我做出一顿晚饭时，在饭桌上他和女儿吃得津津有味的那份满足。

幸福就是老公发过脾气后想认错又不知如何开口，在房间里转来转去，用手挠着头皮的那份尴尬。

幸福就是老公对我在家里的操劳表示感谢时，轻轻拍打我的头时的温柔。

幸福就是在老公大声嚷嚷时，女儿远远地跑过来站在我的面前，用她的小脚踢过去时说"不许你欺负妈妈"的那副专横样儿。

幸福就是夜深人静时躺在床上看自己喜欢的小说，耳边是老公沉沉的鼾声。

幸福就是老公被我问得无话可说时拽着我的长长的头发威胁我说："你个长不大的找打的黄毛丫头！"

幸福就是我和女儿一样撒娇，一起分抢老公买回来的巧克力、冰淇淋。

幸福就是下班回家看不见喜欢坐在电脑前的老公时，心里闪过的那份失落和牵挂。

幸福就是无论外面天多冷，在叫做家的房间里永远感觉到温暖的那刻知足，哪怕它不是豪华而只是简朴。

幸福就是两个人为了让日子过得更好而发生的争吵和争执，哪怕那声音大得传到了外面的马路上。

幸福就是点滴感悟，是平实，是老公大声嚷着"饿死了，你怎么还不去给我做饭"的吵闹声。

幸福就是从不知道浪漫的老公在情人节给我带回来的那朵玫瑰，并对厨房里的我说："老婆你辛苦了！"

幸福就是老公和我吵完架之后以女儿的名义给我买回来一块巧克力，然后不经意地扔给还在生气不吃饭的我，装作不经意地说："妞妞不吃你吃了，不然就浪费了！"

幸福就是老公在超市里给我买回来的橘红的浴花，然后说"这不比要给你买的鲜花好看实用吗，不明白女人为什么就是不喜欢"的那副无辜的样子。

幸福就是老公每天早上向我嚷着："我的袜子在哪里？"然

后领着女儿出门，他去上班，女儿去幼儿园，我也急着奔向单位开始平凡忙碌的一天。

幸福就是周末老公总是提醒我该去我的父母家了，进门时老公"爸，妈"的唤声比我还亲切的那份浓浓的暖意。

幸福就是老公缠着母亲给他做他喜欢吃的红烧肉，当红烧肉摆在桌子上，母亲看着他狼吞虎咽的样子露出的满足安详的微笑。

幸福就是老公在深夜和我聊天时说的"父母健康，老婆听话，女儿快乐长大，我们全家平安就一切都好"的那份平凡普通的平常心愿。

其实，幸福是一种极其微妙的感觉，纯净而又体贴，享受并且得到模糊的满足。幸福就是一个一个的点构成的生活的线和面。原谅那些线上的小疙瘩吧，回头看时也许这是生活这张面上的一个个小小的点缀，让生活更有味。

幸福就是一只猫

我们大多数人也许都看过《加菲猫》，我们都认为加菲猫是世界上最幸福的一只猫，它愤世又懒惰，整天除了做它热爱的睡觉、吃饭之外，就无所事事了。事实就是这样：生活对加菲猫来说简直好得不能再好了，似乎每个人都喜欢它。

下面也是一只幸福猫的故事，让我们细微体会这幸福如猫的感觉吧！

今天下班，当我看见幸福的时候，幸福正卧在我的椅子上睡觉，我叫幸福，幸福一动不动，幸福对我的喊声不屑一顾，我不得不上前拍拍幸福的头，幸福一下子就跳了下来，以迅雷不及掩耳之势跑了。

幸福是我家的猫，一只半大的黑黄相间的猫。

我家的猫有 3 个名字，小白、灰大狼、幸福，这 3 个名字分不同的人使用，女儿放学回家第一件事就是问，小白呢？然后找到小白，和小白磨叽几句。妻子要是哪天从外边回来了，一开门，灰大狼肯定在门口迎接着，对着妻子喵喵地叫几声，然后引着妻子向客厅里走。要是我回来了，幸福则无动于衷，该睡觉睡觉，该不叫还是不叫。

刚养这只小猫时，妻子和女儿给小猫起了不同的名字，女儿"小白、小白"地叫着，妻子则给猫起名"灰大狼"。我笑着说，你们会把猫弄乱的。可她们俩我行我素，对我的意见置之不理，我也只好认了。后来我见小猫每天懒懒地躺在我的椅子上，一副幸福的样子，干脆我就叫它幸福算了，这样小猫又多了一个名字。

我是一个渴望幸福的人，尤其是在父亲查出癌症之后，我对幸福的理解迅速变得琐碎起来。我不敢主动给父亲打电话，怕哪一天电话响了，接电话的不是父亲。我给父亲说，你没事就给我打电话吧，你听到电话通了，滴、滴、滴响三声你就挂了，我给你回过去。

刚才，接父亲的电话，听父亲的声音似乎有点儿沙哑，我没有问。接完电话，我怔怔地看着电脑，眼里涌出大朵大朵的泪花，幸福在我的脚边趴着，喵喵地叫了两声。

人类每天都在追寻自己的幸福，可是，幸福是什么？来不及停留，却已经匆忙地被踩在脚下了；搞不清是什么状态，却早已淹没在金钱的诱惑中了；无暇去思索，却已经迷惑在鲜花和掌声中了……不经意间，瞥见沙发上的猫"呼噜、呼噜"，睡梦中小胡子一动一动，暖暖的阳光洒在那一团小小的身体上，我们恍然大悟，你看那猫多么幸福，这不正是我们要找的幸福吗？

其实，闲适的生活只是猫幸福的一部分，下面向您展示猫的全部幸福。

与人比起来。猫更能保持自己的自尊。你以为你可以随意待我吗？我是一只猫，我有自己的尊严。当你抚摸我让我觉得很舒服的时候，我自然在你的脚下，你敢用你的脚踢我，你以为你是谁？此处不留猫，自有留猫处，大不了我去流浪。我愿意把你当做我的朋友，决不愿意有什么主人。

猫的幸福是一份自爱。猫每天都会把自己弄得很干净，决不邋邋遢遢。一个邋遢的女人是很让外人觉得讨厌的。假如你看到一个光鲜的女人，风摆荷叶般走在街上你会艳羡的连眼睛都要掉出来，假如你尾随着走进她的生活，看见她的房间堆满了没洗的衣裳，看见她的饭碗、书、化妆品堆成金字塔，你保准扭头就跑。假如你是她相中的鱼，是否能跑了还两说。

猫的幸福是一种优雅。看见那个T型台了吗？那上面的模特在做什么？快回答我，1秒，2秒，她们在练猫步。我以猫的名义宣布：猫步是世界上最优雅的步法，是最优雅的行走姿态，如果有人不同意，就请她走猫步，我佩服她。轻轻地，我走了，你知道我是怎么走的吗？迈着猫步走的，当年那个诗人就是那么走的。优雅会产生一种和谐，会给人以亲近感，脚步轻盈，充满律动，那简直就是在跳舞。

猫的幸福还是一份爱心。这个世界最不能容忍的就是贪婪，在贪婪中暴珍天物。保持良好的体形，保持良好的心态，最重要的是有一颗爱心，懂得珍惜别人，懂得善待自己。猫在吃鱼的时候也是有节制的，不会把海里的鱼统统捉来，是吧！假如我们用一生的时间捉鱼，什么时候吃呢？贪婪的家伙眼里只有鱼而没有自己。

幸福是一只猫。稳稳地走着，轻轻地行动着，不求显山露水，但求一世太平。你看猫，看到的都是笑脸，那才是生活的品质。

幸福就是童年的棉花糖

儿时，手捧棉花糖，然后整张脸埋进去，用力咬一大口，棉花糖迅速在嘴里融化成些微糖霜，惊异中一咽口水，吞下去就这样没有了。长大以后，每每看到棉花糖还是会欣喜地买一个，看着那些粗粒蔗糖倒进去加热，焦糖特有的馨甜温暖的气味迎面扑来，那是一种被解释成幸福的气味，接着神奇的事便发生了，被烘热得糖变成一片片薄纱似的从机器里飞出来，一层层的包裹住小贩手里的细木条，然后就成了一个大球或雪白或艳红的蓬蓬的飘着香气的棉花糖，接过手来，如同小时候一般一口咬下去，在丝丝缕缕的纠缠中，享受棉花糖般的幸福与迷恋。

一生之中，我们会欢喜、悲伤、快乐、痛苦，体验聚散离合、酸甜苦辣，经历平静、动荡。我们会为吃了丰富的一餐，买了一本心仪的书，看了一部精彩的电影，听了一首好听的歌，解决了一个挑战性的难题，得到了一个真心的夸奖，见到了许久未见的朋友，和家人无拘束地在一起而开心。无论是明媚的艳阳天，还是下着小雨的夜；无论是热闹的人群，还是寂静的小巷，随时都可以让我弯起嘴角感受幸福。

快乐就笑，伤心就哭，无聊时就看书，郁闷时就倾诉，幸福就是这样子，平平淡淡，简简单单，自由自在，这就是自己想要的生活。

幸福就像棉花糖，淡淡的，甜甜的，即使不经意间融化了、消失了，可那份甘甜还是会留在唇齿间。

如今，我们长大了。在独自面对问题时，这种不强求、不在意，是不是就是无所失、无所得，害怕失去而放弃追求，害怕不幸而放弃幸福，最后只会羡慕别人。

在自己的世界里，想自己所想的，做自己想做的，说自己爱说的，不去探寻外界的存在的、固有的、应该的，一切在淡淡、无意的接触中。看到好奇、兴趣的眼神，就礼貌地疏离；觉得轻松、闲适的环境，就静静地享受；在被批评、被否定、被伤害的时候，只是固执地守着那份不知是否正确的自我。

幸福其实很矜持，遇到的时候，它不会提前向你告知；离开的时候，也不会对你说明。

一直认为，没有谁对谁是应该的，没有谁是欠谁的，没有无缘故的好，也没有无理由的坏。一直相信，精诚所至，金石为开，可是很多东西都不是金石，所以再精诚，它也不会开。天上会掉馅饼吗？我不知道，但知道的是有也不会掉在我身边。

幸福就像棉花糖，柔柔的，软软的，即使轻易地散掉了，不见了，可那份舒适还是会留在心底。

迷糊不是一时的，已经好久了，有些不知道什么才是自己真正想要的，简单生活，自在人生，似乎不再是那么的简单、自在。

快乐吗？有。难过吗？有。也许这就是人生，在各自的故事里演着属于自己的悲、喜剧，在别人的故事里演着不同的主、配角。

不在意的终究还是不会去在意，喜欢的终究还是会喜欢，不会因为什么有任何改变。也许会因为偶尔的好奇，探究地敲开了一扇窗，也许会因为无意的疏忽，被迫地关上一道门。

幸福就像棉花糖，不需要你是什么身份，不在乎你是什么地位，伸出手，放入口，就是幸福。

幸福很简单，一个微笑，一声问候，一通电话，一句"你好吗"就是幸福。

幸福就是暖暖的阳光

对于阳光，所有的人都会有着共同的认知，温暖、灿烂、光明，它就是所有美好事物的源头；而对于幸福，不同的人却有着不同的感受和体会。有人认为荣华富贵就是幸福，也有人认为平平淡淡就是幸福，有人认为享受爱情就是幸福，有人认为自由自在就是幸福。屠格涅夫这样解释幸福的含义：幸福没有明天，也没有昨天，它不怀念过去，也不向往未来；它只有现在。认为自己很幸福的人是幸福的，因为他懂得幸福就是现在，幸福的味道就是现在所能感知的生活中的一切温情。就像那大公无私的阳光，幸福就是照耀在每个人的身上那束永远平和亲善的阳光。幸福阳光的味道就是你轻轻地闭上眼睛，深呼吸，身体里所充盈的那世界上最充实而柔和畅快的情怀。

没有谁不喜欢在阳光下徜徉，披一身的晨曦、晚霞，在简单而充实的日子里，享受生活中的每一缕阳光。走在步行街上，道路两旁的树木也都静止在那里，似乎在蕴酿新的生命。天空呈现出好看的淡蓝色，找不到一片云彩。只有暖暖的阳光软软地照射在每一个角落，淡淡的，甜甜的。哪怕是许多年过去了，也可以这样静静地追随着这片阳光，嗅着阳光的味道，温暖且幸福着。

金灿灿的阳光越来越夺目，水泥路上折射出耀眼的光线，空气里回旋着温热的气息，我们慢慢地走在柏油马路上，让阳光尽量奢侈一些，倾洒在我们的脸上、头发上、衣服上，会感觉到一种美妙，简单的感觉充斥着我们的内心。我们能够在这种暖暖的阳光下，卸下尘土般的疲惫，使我们尘浮的心安稳下来。懒洋洋地接受阳光的爱抚，感受大自然神奇的魅力。忙碌过后让自己尽情享受阳光的沐浴，会领悟另一种幸福。

步行街上，三三两两的老人，也慢慢地踱着步子，拎着小坐垫。有的小孩子牵着大人的手，蹒跚着走来走去。每个人的脸上都洋溢着幸福的笑脸，灿烂地开放在温软的阳光下，也开在彼此的心田。

有这样一个暖暖的场景：

车站等车，顺便享受下温暖的阳光。看着路边来来往往的人。这时，一辆公交车缓缓地驶进车站，车门打开，下车的下车，上车的上车，人们都有序地进行着，这时有一位步履蹒跚的大爷一步一步慢慢地从车上往下走，一只手扶着扶手，一只手一直放在身后，原来他身后的那只手原来还牵着另一只手，一位老太太的手——他的老伴。他用那苍老而有力的大手紧紧地握着老伴的手，牵着她一步步地走着，还时不时关切地回头看看她，生怕对方磕着碰着，就这样他们相互搀扶着下了车，手牵着手继续走着……

当我们看到这样的情景，更加明白了幸福的生活原来就是这样的，人们整天喊着说着我要幸福，我不幸福，我的幸福到底在哪里？在你走的太快的时候不妨停下来静静地想想，人生中最简单的幸福其实就是平淡的生活中那点不平淡的情分。

当你还年轻的时候，有个人和你一起年少轻狂，这个人牵挂着你也被你牵挂着，在你受挫掉眼泪的时候可以给你一个宽大的肩膀来依靠，或是给你一个暖暖的拥抱，一直默默地支持着你。当你人到中年的时候，有个人和你一起循规蹈矩，一起努力营造着共同的生活，在同一个屋檐下，有欢笑也有泪水，哪怕是无休止的争吵，也是生活中不可或缺的一部分，你们还是一起吃饭，一起干活，互相关心，互相照顾，一起完成人生承上启下的责任。不管世事如何，这个人都依然用心地在你身边陪着你，给你些许的温暖。当你双鬓斑白，腿脚不灵便的时候，有个人一路陪你走来，和你一起看风景，一起感受平淡中所有的点点滴滴，这时你们的手依然紧握，就这样，有一个伴儿伴着你一直走下去！

这就是幸福，幸福很简单，幸福是暖暖的，生活中每个人都有幸福的权力，所以我们要珍惜生活中的幸福，善于去发现幸福、感受幸福，让我们每一个人的幸福绵延不断，让每一个人都看见幸福！

明媚的清晨，当第一缕阳光照在你的身上，那便是幸福给你带来的第一声问候，只要你微微上扬起嘴角就会发现：幸福的阳光，整个世界都已经装盛不下，那时，给爱人打一个电话吧，你会陶醉在幸福阳光的味道中；给阳光一个笑脸吧，幸福正对着你微笑！

幸福就是读一本好书

读书是一种幸福。有位哲人说过："读一本好书，就是和许多高尚的人谈话。"这就是读书的幸福。

读书给我们带来的幸福是难以言表的。无所事事的时候，只要有书可读，便是一种莫大的幸福，翻开书，随心所欲地投入到文字的天地中，任思绪奔驰于全身的血脉，任冲动和激情溢满心扉，任尘封深埋的青春岁月酿造琼浆玉液湿润于心，于是，在读书的时候，自身便有了一种抗争的激情，便有了一种跨越栅栏披荆斩棘的力量，难道这不是一种幸福吗？在夜深人静的时候，关上窗，扭亮灯，取出书，放一曲轻音乐，泡一杯清茶，享受读书的温馨——在书中或对古人喜笑颜开，或与先贤窃窃私语，或听唐诗宋词元曲，或同文友恃才驰骋，此时，音乐在耳边流动，词句在脑海中流淌，香茶在喉舌间回味，一切器官都沉浸在动感的享受之中，这何尝不是一种浪漫，一种幸福呢？

然而，这样得幸福，现在却很少有人愿意去享用了。

当经济大潮、物质冲击迎面走来，当娱乐八卦、休闲玩乐、时尚刊物充斥市场，当浮躁与功利渐近人心，不少人没有了静静读书的心思和耐性。再加上网络、媒体等获取知识的渠道愈来愈多，特别是各类隐私、美女作家等五花八门的猎奇窥探读物"你方唱罢我登场"，虽说也能一时吸引眼球，但细细读来没有什么思想价值，有些甚至让人大倒胃口。因而，有人便长叹"读书无用"，更遑论什么幸福了。

因此，在这浮华的世界，读书，可以寄托我们的心灵。一本好书，可以改变你的态度、性格、习惯，乃至人生。无论我们身处的社会如何变化，不管周遭的物质世界有怎样的名利追逐，书籍带给我们的，永远是属于精神与灵魂的世界。

有人说，读书的本质是读心，而心由境出，境由心造，一个懂得享受读书的人，往往就会缔造出最惬意的读书意境，躺着读书便是其中的一种极致——躺在床上，摊开书，或默默静读、或娓娓道来、或闭目静思、或朗朗而读，咀嚼一行行沁人心脾的墨香，感觉字里行间的种种呵护和关爱。如品尝一杯清茶一样享受书中的温暖，如行走无边沙漠的旅人发现一泓泉水一样享受书中的惊奇和亢奋；如品味严冬里一盅醇香的美酒一样享受书中的隽永，此时，荣华富贵不过尔尔，功名利禄不过是过往云烟，唯有读书的享受才是天长地久，日月同辉。

读书是一种享受，是一种生活方式，也是一种风度。一旦与此种嗜好结缘，人多半会发生自己意想不到的"改变"——变得渊博、变得明理，变得机智、变得豁达，变得文明、变得高雅。雨果说："各种蠢事，在每天阅读好书的影响下，仿佛烤在火上一样渐渐溶化。"这就是读书的幸福。它让我们在获得财富、温饱无虞之后，拥有了一种别样的精神享受。"饥读之以当肉；寒读之以当裘；孤寂读之以当朋；幽忧读之以当金石琴瑟"，该是何等的幸福之境！

漫步人生征途，谁都会云帆高挂，谁都会长风破浪，其中自然也少不了停船靠岸的时刻，此时，拾一摞旧书，慢慢翻阅，细细品味，追忆没有忧愁和压力的日子，追忆天空总是湛蓝湛蓝的日子，追忆连雨天都感觉充满诗情画意的日子，增加人生的底蕴，删除思想中无边的烦恼，清洗生活的灰暗，每读一遍，心中就有一种新的享受。假如遇到读书时，书中掉下一片花瓣、一枚书签、一片树叶、一棵草芽，还能回忆起当时读书的意境，那更是一种慰藉、一种洗礼，一种物我两忘的幸福。一切的亲情、友情、爱情皆在貌似轻松的展读中得以沉淀，得以升华。

狄德罗说过："不读书的人，思想就会停止。"人的一生来去匆匆，如果随波逐流地活着，那就愧对了自己珍贵的生命。

幸福是因果循环

人来到世上，都想过上幸福的生活，那么在一生中能否过的幸福完全取决于自己，因为"相由心生，境随心转"。苏格拉底曾说："种下什么样的因，就会有什么样的果，这是亘古不变的定律。"任何事情的发生都有其原因，发生在我们生活中的结果必定有一个或多个原因。要想秋天收获丰硕的果，春天必须撒下种子。古人曰："一分耕耘，一分收获。"今天努力工作，明天才能收获幸福的果实。俗语"种瓜得瓜，种豆得豆"说的也是这个道理。

幸福不是等来的，是争取来的。有一首歌唱得好："幸福就在辛勤的工作中、艰苦的劳动里，它就在你晶莹的汗水里。"工作是孕育幸福的场所，工作中的幸福是用自己的双手创造的，是自己努力争取来的。美国知名心理学家马丁·瑟里格曼认为，幸福＝快乐＋意图＋参与。幸福尤其是积极工作带来的充实的幸福，并不会仅仅因为你的期盼而到来，它需要你抓住机会，踏踏实实地为之付出努力。如果你觉得对自己的工作不满意，觉得自己现在还不够幸福，那就该清醒地审视自己了。

大学快毕业时，张萌和室友同时到一家知名公司应聘，面试过后就没有了音信。张萌选择继续等待，室友则主动打电话给该公司人力资源部询问情况，又一次向人力资源部阐述了自己的优点。这个电话让对方的人事经理看到了室友的积极主动，所以给了她复试的机会，而室友抓住这个机会，如愿以偿地进入了这家公司。而张萌在条件上丝毫不比室友差，但是她的"听天由命"让她在等待中错失了一份好工作。

有的人总是以为自己还有大把的青春可以等待，没有遇到好的工作时可以等待，理想中的幸福生活只要等待就会获得……这样等着等着，年华老去，然后把一切都归于命运，哀叹时运不济。不要等待更好的工作，做每一份工作都会有意想不到的收获，这是我们获取、积累知识的机会。今天的积累是为明天的成功作铺垫。机会可遇不可求，今天抓住机遇，明天收获成功，因为机遇不是一个温文尔雅的来客，不会因为现在的等待而放走将来的幸福。

你是否曾经思考过这些问题：我为什么要工作？我在为谁工作？这么辛苦地工作，究竟值不值得？黎巴嫩著名诗人纪伯伦在《先知》一书中，对工作的真谛作了深刻的诠释，用唯美和感性的诗句向我们揭晓了上述问题的答案。诗中，当一位农夫请求上帝的先知给他讲一讲什么是劳作时，先知说道，你们劳作，故能与大地的精神同步。你们慵懒，就会变为季节的生客，落伍于生命的行列；那行列正带着庄严、豪迈和骄傲的顺从向永恒前进。劳作时你们便是一管笛，时间的低语通过你的心化作音乐。你们中谁愿做一根芦苇，当万物齐声合唱时，唯独自己沉寂无声？

有人会说，工作是一种诅咒，劳动是一种不幸。但当我们工作时，我们才会实现最悠远的梦想。我们辛勤劳动，便是真正热爱生命。在劳动中热爱生命，便是通晓了生命最深处的秘密。……辛勤努力地工作会带给我们快乐。生活无忧，物质富足，心灵充实，这些都是通过我们的努力换来的。工作带给我们的直接利益是薪水，薪水让我们衣食无忧，满足了我们对物质的需求。

然而现实中，能领略到工作的幸福和快乐的人寥寥无几，很多人都把工作当做一件不得不做的苦差事，根本体会不到工作本身的价值与意义。如果你是一名教师，你可以设想一下，多年后，桃李遍天下，多么有成就感；如果你是一名医生，你竭尽所能地把一位患者从死亡之路上拯救回来是一件多么幸福的事；或许你是一个车间工人，或者你是一位维修工，想想你的工作给他人带来了多少方便，想想有多少人需要你。

学着在工作中寻找快乐，寻找自己的价值，并最大限度地发挥它，那时，我们会发现工作本身就是一件幸福的事情，工作为我们的生命增添了最明亮的色彩。

一个大学生眼中的幸福

大学就像一座知识殿堂，在这里，你可以尽情地领略知识的博大精深；大学就像一个小社会，在这里，你可以尽情地学习各种生活技能；大学也像一个大舞台，在这里，你可以尽情挥洒你的才情、跳出自己喜欢的舞步。丰富多彩的大学校园，给生活其中的大学生们带来属于他们自己的幸福。

一个大学生说："我看不起单纯贪图享受的自私自利的幸福观，也深知我的精神还没有上升到为人类事业奋斗终生的高度，我的幸福观就是尽最大努力做好我应该做的事。"

首先，作为一个在社会集体中生活的人，个人总是处于某个集体和一定的社会环境之中，离开集体的幸福，也就不可能实现个人的幸福，所以，我们尽力做好一个公民的本分，不做损人利己的事，为集体贡献自己的一份力。其次，作为子女，父母用心血和汗水抚养我们长大，给了我们生命和生活，我们就要孝敬父母、长辈，履行好作为子女的义务。再次，作为学生，我们要好好学习，不断进取，尊敬师长。在人生的旅途上，我们还要不断地扮演不同的角色，把自己的角色扮演好就是最大的幸福。

一个大学生说："作为一个普通的大学生，我的幸福就是能够自我实现。事实上，我现在甚至以前所做的一切都是在为以后的自我实现、为社会做出应有的贡献而做准备。"

幸福不是一个终点，而是一个过程，在通往幸福的过程中，接受大学教育，与老师交流，在浩瀚的书海中遨游，思想不断升华，这是一种幸福；能够参加各种实践活动，提高自己的实践能力，这难道不是幸福吗？即使在前进的道路上遇到挫折，但是我们却能因此吸取教训，获得经验，在克服困难的过程中增长了能力，这更是一种幸福。所以说，是追求幸福、追求自我实现的过程让我们幸福。

一个大学生说："我觉得幸福有三条：一是家人健康，生活充实且无纷争。"有句老话说："家家有本难念的经。"所以，如果家中没有纷争，没有乱七八糟的事就是一种幸福。最好是父母双亲健在，并且没有疾病和贫苦缠身，作为子女能够多尽孝心是一生最大的幸福。二是自己能够学业有成，工作顺利。在大学里如果成绩很棒并且参加工作以后很顺利的话，那么他的幸福感会很强。三是爱情美满。大学里，每个学生最先需要克服的就是孤独，因为不可能在任何时刻都有人陪在你身边，跟你聊烦心事，说知心话，给你出谋划策……所以，在这个时候，如果能有一份美满的爱情作支撑，那就是再幸福不过的事了。

个大学生说："我觉得幸福是主客观的统一。"

首先，必须得有一定的物质基础作保障，满足我们的基本需要。其次，最重要的是我们得有一双发现世间"真善美"的眼睛。我来自一个市民幸福指数比较高的城市，我们那儿经济发展程度在全国算不上高，人们的经济收入也比不上沿海发达的地区，但大家特别能享受生活，能够发现身边让你愉悦的事物，并且乐在其中。可见，只要心情是晴朗的，快乐和幸福便无处不在。

一个大学生说："作为一名大学生，幸福就是自我身心快乐，即生活、学习、工作中，我没有被压力所折服，不会为此类事情而烦闷，取而代之的是以一种轻松愉悦的心情去迎接每一天。"

其实在很多时候，事情是不那么顺利的，此时最需要的是要以一颗平常心对待身边的每一件事、每一个人。我们不可以改变天气，但可以改变心情，我们不能够刻意地去制造幸福，但可以减少自己不幸福、不快乐的次数。说它是柏拉图式的幸福也好，阿Q式的幸福也行，总之，乱我心者去之矣。从心理上真正释放自己的精神和思想，使之不受束缚。快乐是一天，不快乐也是一天，为什么不天天快乐？幸福也生活，不幸福也生活，为什么不幸福生活呢？

幸福这样也好

幸福很简单，只是我们每天都要忙着各种各样的事情，只顾着掂起脚尖看着别人的幸福。而一直围绕在我们身边的幸福就这样被我们忽略了。

每一次我们离开家返回学校的时候，母亲都会早早起床，为我们收拾行李，打点好一切，包括吃的、穿的、用的，真是应有尽有。在这期间，她还会一直在我们耳边不停地叮咛。不住地叮嘱我们在学校的时候要认真地学习，按时完成老师布置的作业。不要熬夜，天冷的时候要记得添衣服，不要太省钱，要吃好、睡好，等等。真是可怜天下父母心！母亲将一整颗心都放在我们身上，恨不得时刻跟在我们身旁。也许我们会厌烦母亲没完没了的唠叨，可是，这就是母亲的爱，虽是唠叨了点，我们却感到很温暖。知道吗，除了母亲，在这个世界上再也没有一个人会那样关心我们了。那一份沉甸甸的来自母亲的叮咛就是幸福。

一个人的一生总不会一帆风顺。当我们遭受风雨，不知该往哪个方向走的时候。这时，朋友会陪在我们身边，紧紧地握住我们的手，给予我们鼓励。每当这时，我们都会充满了力量和勇气，勇敢地和风雨作斗争，到达成功的彼岸。朋友，是在最后给予我们力量的人。在风雨同舟的路上，我们对朋友的帮助感激不尽。因为有他们有力的鼓励，我们才能脱险而出，找到自己的方向。那些来自朋友的鼓励，就是幸福。

当我们在路上走着，一不小心掉了东西，而我们没有空余的手将它捡起来。这时，一位陌生人帮助我们并送给我们一个轻轻的微笑。我们在道谢的时候很庆幸遇到一位热心肠的人。其实，这也是幸福。

是的，母亲的叮咛，朋友的鼓励，甚至陌生人的一个小小的帮助，一个轻轻的微笑，这就是幸福。

朋友，幸福就是那么简单。哪怕是一线阳光，一滴小露珠，一阵轻风，都是幸福。请把你的步伐放慢一点吧，好好感受围绕在我们身边的幸福。

幸福不是拥有的多，而是计较的少：房子没有别人大，这样也好，打扫起来方便；上下班没有车开，这样也好，多走走路锻炼身体；洋酒海鲜没有别人吃得多，这样也好，多一些时间能陪陪家人……幸福是一种态度，这样也好！

一个小学生眼中的幸福

幸福，可以从点点滴滴的小事之中感悟。奉献就能在你心中埋下幸福的种子。在学校举行新年联欢会前，一位小学生积极地留下来布置教室，为的就是能够使同学们第二天在一个充满节日气氛的班级中迎来崭新的一年。他一会儿摆摆桌椅，一会儿弄弄拉花，忙得不亦乐乎。渐渐地，他累了，有了放弃的念头。"你这样放弃不要紧，可明天同学们也许就少了一分快乐；班级可能就少了一些气氛。不行！你不能放弃！"他在自己对自己的鼓励中，打消了放弃的念头。第二天，当看到同学们在他亲手布置的教室中欢度新年，一股幸福感在他心中油然而生。

微笑，是一种幸福。当你收到别人的礼物时，冲他微微一笑，就是对他最好的感激。一位小学生讲述着自己的幸福："六一前，同学送给我一张贺卡。当他把贺卡递到我手里时，冲我一笑，我也冲她感激地笑了。是微笑，冲走了我们之间的矛盾；是微笑，加深了我们的理解；是微笑，使我们的友谊更加深厚。幸福，通过微笑，在脸上传递着，让我们的心，贴得更近了。同学们，如果你想感到幸福，就对别人微笑吧！"

在你失去信心时，别人的鼓励把你从失望的边缘拉出来；当你遇到困难时，别人的鼓励让你战胜困难。一位小学生自豪地说着自己的幸福："当我紧张地走上讲台，时钟仿佛停止了它'嘀答嘀答'的声音，突然，台下响起了一片掌声，同学们好像在用掌声告诉我别紧张。虽然这掌声不是那么热烈，虽然这掌声不是那么令人激动，但足以让我平静下来。我完成了发言，是鼓励让我战胜了内心的紧张，是鼓励让我知道幸福是什么。"

集体活动时，老师带我们做了一个游戏，我们三、四组的同学拉起手，老师让我们打乱队形，然后再找回原来的位置。我想，昨天争吵过的同学能和我配合好吗？这时，我看见我左右两边同学友好的眼神，我心里十分感动。大家的脸上都洋溢着灿烂的笑容，同学们喊着："这边来""那边""耶，我们成功了"。欢笑声响成一片。"那一刻，我是幸福的，同学们也是幸福的。"一位小学生兴奋地说。同学们，假如你想幸福，就拉拉手吧！

幸福，是离别前最后那一刻的欢愉。"这是我们在小学中最后一次联欢会，节目过后，增添了一个新的活动——包饺子。我不会包，只好站在一旁，同学们有说有笑地包着饺子，这让我有些烦恼了。这时，我的好朋友走了过来，手把手地教起我来。我轻轻地捏着，逐渐找到了感觉。我突然感觉到，我包的不仅是饺子，也是幸福。"一位小学生回味地说着。

第五章　幸福不能缺席生命
——为何人人都追求幸福

为何人人都追求幸福

每个孩子那种无止境的好奇心：为什么会下雨？水是怎么到天上去的？水为什么会变成气？为什么云不会掉下来？其实，对他们来说，有没有得到答案并不是最重要的，当他们对身边的事物产生好奇心时，他会一直地追问下去。

但有一个问题可以让所有人停止追问"为什么"，那就是："为什么要追求幸福？"当问到我们想要什么时，除了幸福之外，我们可以对每一个答案产生更多的"为什么"。比如，为什么要练得这么辛苦？为什么要赢得冠军？为什么要致富、要成名？为什么要买好车、住大房子和乘游艇？

我们追求幸福，因为幸福是生命的一种基本需要。当答案是"因为这样可以使我幸福"时，没有任何说法可以去挑战它的正确性与终极性。幸福在所有目标中是至高无上的，其他所有目标的终点都只是去往幸福的起点。

平时，人们总是把自己追求的东西描述为具体的事物，比如，可以是大房子、车子、金钱或是任何其他的东西，但如果你问一句："追求这么多东西，到底是为什么？"肯定大部分人都会归结到对幸福的追求上。

科学研究已经证明：幸福确实可以帮助人们在生活的方方

面面取得更大的成功。在一个对"幸福感"研究的综述中，积极心理学家桑娅·吕波密斯基、劳拉·金，以及艾德·狄纳（提出："幸福的人群在生活的各种层面上都非常的成功，包括婚姻、友谊、收入、工作表现以及健康。"）报告也指出了幸福和成功存在强烈的相互作用：成功（无论是工作还是感情方面）可以带来幸福，而幸福本身也可以带来更多的成功。对于那些不认为幸福是最终目标的人，可以翻然悔悟了。

在其他条件一样时，幸福的人有着更好的人际关系，在工作上表现更好，活得更好、更长久。幸福是值得去追求的，无论作为目标还是达到目标的方法。

当我们以为孩子对答案已经满足时，他们总是还有新的想法。从问不完的"为什么"转到问不完的"是什么"和无穷无尽的"怎么样"。"幸福是什么"和"如何才能幸福"这类问题需要详尽的解释。

从某种意义上来讲，幸福应该是"快乐与意义的结合"。真正快乐的人，会在自己觉得有意义的生活方式里享受它的点点滴滴。这种解释绝不仅仅限于生命里的某些时刻，而是人生的全部过程。即使有时经历了痛苦的感受，人在总体上仍然可以是幸福的。

追求幸福是人的本性

追求幸福是人的本性。人是自然界的一部分，是自然界的产物，自然性就是人的本质。这是他的幸福论的出发点。他指出：一切生物都"是对生命的爱、对自我保存的愿望、对幸福的追求"，对幸福的追求是一切有生命的生物基本的和原始的追求。

那么，什么是人的本性呢？所谓人的本性，就是人区别于动物的本质属性。人是一个不断产生需要又永不满足的高级动物。一些需要满足后，另一些需要又出现了，在满足更多需要的过程中，谋求更多的幸福，这是贯穿于每个人一生的本质属性，也是贯穿于整个人类历史进化过程的一个显著特征。正因为有永不满足的本质属性，人类才会走出自然状态，不断创造文明，不断创造出越来越幸福的生活。因此，笔者认为，人的本性既不是善，也不是恶，既不是自私性，也不是阶级性，人的本性实质上是追求幸福量的更大化。

人类在构造上的极端复杂性和人脑的不断进化，使人具有巨大的潜能，人的机体固有着把这种潜能转变为现实能量的自然冲动，这种冲动促使着人在吃饭、睡觉等基本需要满足后，继续去努力、去奋斗，去实现自己的价值、去满足更高级的需要、去创造更好的生活。潜能实现、需要满足和社会比较相互作用，就使得人类永远也不会满足于已经获得的东西。人都希望潜能有更大的实现，需要有更多的满足，都希望更健康、更长寿，更能赢得更多人的尊敬，都希望自己明天的生活比今天更幸福，获得的幸福量大些、更大些。所有这些，是任何动物都不会有的性质。因此，追求幸福是唯有人类独有的本性。

追求幸福量的最大化是一切人的理想。所有的人都永不满足，所有的人在达到比以前更高的幸福水平后，最初会感到幸福，但过不了多长时间，又会回归到原来平常的感觉体验上去了。例如，收入的增加最初会促进满意度的上升，但过一段时间后，人们就不会觉得比以前更幸福，一个人得到的幸福越多，他会要求得越多。如果一个人的年收入是 5 万元，那么，他就会希望得到 10 万元；得到 10 万元，又想得到 100 万元；得到 100 万，又开始想 1000 万，想 1 亿、10 亿、100 亿。获得奥运金牌是每个运动员的梦想，一旦获得，自然非常高兴，但过了一段时间后，这些人又与比他获得更多奥运金牌的人作比较，希望获得更多金牌。官职和职称的晋升会给人带来幸福，但同时也会提高人的抱负，从而期望更高一级的晋升。人类永远不会满足，欲望无止境，这是适应于所有人的一条真理。善良的人之所以乐于做好事，是因为在他们的观念和经验中，做好事能够获得和谐关系带来的幸福、受人尊敬的幸福、价值实现的幸福；恶人之所以经常做坏事，是因为在他们的观念和经验中，如果不把别人的财富夺过来，自己就不会有好日子过；如果不把别人整垮整倒或者害死致残，自己就不会比别人更幸福。无论是善良的人，还是恶毒的人，他们的根本动机是一样的，那就是追求幸福。唯有这一点，才是每个人都有的性质。

人类刻苦勤勉的终点就是幸福

英国哲学家大卫·休谟曾说过："人类刻苦勤勉的终点就是获得幸福，因此才有了艺术创作、科学发明、法律制定，以及社会的变革。"可见，财富、声望、知名度与其他目标都不能和幸福相比，无论是在物质上还是名望上的追求，其最终都是追求幸福的手段。无论在哪种身份背景下，只有当自己觉得心里舒坦，精神充实，才会感觉到幸福；只要打造一个简单快乐的心境，过有意义的人生，就能提高生活的幸福度。反之，即使有再丰富的物质，有再多的爱，心灵没有阳光，也是感觉不到幸福的。如果认识到这点，我们就会发现富翁是幸福的，渔夫也是幸福的。

幸福不是先天的存在，而是后天的创造。幸福完全靠艰苦的工作得来，幸福的享受也总是以工作和创造为代价。"勤劳千载福"，大凡勤劳工作的人都吃得苦、耐得烦，能在工作中体验挥洒汗水、付出心血的幸福快乐；懒惰的人只会坐享别人的劳动成果，哪有幸福可言？

亚当和夏娃过的是典型的"快乐生活"，他们没有工作，也没有对未来的打算。当他们吃下禁果，被赶出伊甸园后，他们和子子孙孙从此都必须"辛苦工作"。"辛苦工作"从此成了一个惩罚的标志。我们总爱把天堂形容成一个没有困难，没有工作的地方。但在地球上，我们必须有工作才会有快乐。

对于工作的定位，很大程度上决定了人们对工作和生活的满意度。把工作作为任务的人，只关注报酬和假日；把工作作为事业的人，只关注财富、地位和声望；而对于把工作看成使命的人，工作本身就是目标，工作是因为想要工作，这种力量是内在的。这类人对工作充满热情，在工作上感到充实，在工作中自我实现。工作对他们来说不是打工，而是一种恩典，在克服困难迎接挑战中他们战胜欲望、磨炼心性、培养人格，幸福也会从辛苦流汗中孕育出来。

幸福不是毛毛雨，不会从天上掉下来。幸福不在柳荫下、不在温室里、不在月光下、不在睡梦里，幸福在辛勤的工作中、在艰苦的劳动里、在我们晶莹的汗水里！

幸福是人生的至高财富

一份新创刊的《漫画周刊》，为了尽快提升读者对刊物的关注热情和发行量，经过一番策划之后，推出了一项"征画活动"，要求应征作品必须以《世界的最后时刻》为题。征画广告一出，当期的《漫画周刊》马上脱销，要求加印的电话在编辑部响个不停，原因是应征作品的一等奖竟高达10万美元，三等奖也有3万美元。在限定的日期内，来自世界各地的应征作品堆积如山。为了获取高额奖金，所有的应征作者都将想象力发挥到了极致：有的画在世界的最后时刻情侣紧紧抱在一起，一边喝酒一边接吻；有的画在世界的最后时刻将钞票堆在大街上燃烧；还有的画在世界的最后时刻坐上宇宙飞船逃离地球……但最后获得10万美元的，却是一位家庭主妇用铅笔在一张包装纸上画的漫画：她在厨房间涮洗完碗筷后，正伸手关紧水管开关，丈夫则正坐在餐桌边啜饮着一杯咖啡，一边还有一杯冒着一缕热气的咖啡在等着她。在餐桌旁的地板上，有两个小男孩，正在做着玩积木的游戏……评委们对这幅看似平常的一等奖获奖作品的评语是：我们震惊于这一家人的平静。他们理解了世界存在的意义和人对幸福的最高追求。

人生至高的财富是幸福，而不是钱财或声望。

人和事业一样，有利润也有亏损，所不同的是，衡量人的标准既不是金钱，也不是知名度或者权力，唯有幸福才是衡量人生的标准；财富与幸福的关联度非常低；有目标才能更好地享受过程，而享受过程有助于更好地实现目标；外界环境对人的幸福感影响甚微，真正给予我们幸福的是我们内心的改变。

金钱和声望在幸福面前并没有固定的价值，但为什么金钱和声望的魔力如此之大呢？这是因为有些人认为它们可以带来幸福。金钱和声望本身是没有价值的，如果无法带来任何幸福，没有人会去追求它们。这好比在商业中，资产只有换算成钱才有价值，声望和金钱都只是实现幸福的手段。

对某些人来说，把幸福作为至高财富和衡量标准，似乎有点戏剧性。举一个极端的例子，在 100 万现金和与一个好友交谈之间你会选择哪个？我们应该选择那个可以让自己更幸福的。如果谈话给你带来的快乐和意义甚至超过那 100 万，那我们就应该选择后者。因为以幸福作为衡量标准的话，后者更有价值。

将谈话与现金的价值进行比较，可能有点儿像把苹果和橘子进行比较。但是，我们可以通过把它们和幸福这一最终标准进行比较，决定哪一个会让我们更幸福，由此在这些似乎不相关的选择中作出判断。

如果只是因为我更享受与朋友谈话的感觉，所以金钱不算什么，这个理由并不充分。100 万可以买许多东西，很有可能帮助你免除未来的烦恼。有了这些钱，你也可以从事许多你觉得有意义的事情，再不用为生活担忧。但是在仔细考虑后，如果真的发现和朋友谈话可以给你带来更多的快乐和意义的话，那它的价值就可能超过那 100 万。正如心理学家卡尔·荣格说的："有意义的事即使价值再小，也比无意义的事有价值。"

幸福是人生的至高财富，它是任何金钱、物质都不能代替或换取的。

幸福是衡量一切的标准

在哈佛大学，最受欢迎的选修课就数"幸福课"，听课人数甚至超过了王牌课《经济学导论》。教这门课的是一位名不见经传的年轻讲师，名叫泰勒·本—沙哈尔。他坚定地认为：幸福感是衡量人生的唯一标准，是所有目标的最终目标，幸福应该是快乐与意义的结合。

当社会上普遍认为财富的积累是人生目标的时候，我们很容易犯这类错误。并不是说赚钱或存钱是错误的，物质上的富有可以帮助个人甚至社会得到更多的幸福。金钱上的保障，可以让我们向不喜欢的工作说"不"，或是让我们不为账单烦恼。还有，赚钱的欲望可以成为积极的挑战，甚至给我们启发。但是，金钱本身并没有价值，而是因为它可以带来　些丰富的经历。物质本身并不能给生命带来意义或是精神上的财富。

玛瓦·柯林斯本来在一家有数十亿资产的上市集团工作，但她却选择了做一名教师。1975 年，她在芝加哥市自己的居所里面成立了城西预备学校。芝加哥市中心是毒品和犯罪的温床，可以说是一个毫无希望的地方，许多的教师都担心这里的儿童无法逃出那世代相传的贫困与绝望。

玛瓦·柯林斯正是在这样的一个地方成立了一所学校，她的学生大部分来自同一个社区，而且都是由于品行恶劣或是成绩不良而遭到学校开除的学生。这个预备学校是他们流浪街头前的最后希望。

玛瓦·柯林斯成立学校时没有什么资金，开始时还用她自己的家作为教室。在后来的20年里，她在经济上不断挣扎，还曾数次面临学校倒闭的危机。今日，美国有很多州都成立了玛瓦·柯林斯学校；世界各地的教育家蜂拥前往芝加哥学习她的教育方式，受她的精神启发和鼓舞。

柯林斯的经历启示我们，幸福感才是人生至高的目标。她在她的一个学生蒂法尼身上找到了答案，这是发生在她和蒂法尼之间的一些微小的事情：

蒂法尼是一个有自闭症、不爱说话的孩子，一个被专家们认为无法去被爱、被教育的孩子。然而突然有一天，我长久以来的耐心、祷告、关爱和决心有了回报。蒂法尼对我说的第一句话是："我爱你，Ollins 太太。"她漏了我的姓氏 Collins 里的那个字母"C"，但我当时唯一的感受是：光是那双小眼睛里的泪水就足以使我成为世上最富有的人。现在，蒂法尼开始学习数字、单词，开始与人交谈，最重要的是，那眼神里喜悦的神采，仿佛在说"我也是很特别的，我也可以学习"——这对我来说比什么都值钱。

对于另一个在城西学校改变命运的孩子，柯林斯写道："看着他眼里那种可以在未来照亮世界的光芒，我忽然感觉，那些为了资金问题而失眠的日子全都是值得的。"

玛瓦·柯林斯曾有极好的机会，她大可不必担心学校经费乃至倒闭这种问题。20世纪80年代，里根和布什政府都曾邀请她出任教育部部长，面对如此高的荣耀和声望，她拒绝了，因为她相信，只有课堂才是她真正能创造出奇迹的地方。

柯林斯觉得自己是"世上最富有的女人"，觉得教学带给她的快乐是"任何钱财所买不到的"。对她而言，幸福是衡量一切的标准，而不是钱财或声望。

缺少幸福是感情上的最大破产

爱人要有条件，被爱也要有条件，以现今社会的标准来看只有两种，金钱和真爱，而通常金钱会胜于一切。有这样一个故事：有一个女孩，20多岁，和一个30多岁的男人在一起，听说这个男的很没风度，很大男人，上街吃饭之类的事他都要帮你定好一切，你没得选择。比如吃饭，他会帮你点好菜色，他点他喜欢的，而你就不用选了，可笑的是如果你要选的话，那部分就请你自己埋单，这样能叫恋人？为什么这个女的还要和他在一起呢？钱，就是因为这个男的有钱，因为有钱就足以令其他东西变得不重要了。

幸福不是用金钱所能衡量的。一个人恋爱、结婚都是对幸福的追求，但是金钱却掺和在幸福里面，当大家都在排斥人们特别是女人对金钱的痴迷的时候，大家又都在追求着金钱，就像一篇小学作文上写的《我爱你——金钱》，有不少文人墨客开始提出了批判的意见，觉得人在钱之外应该有更重要的东西，但是，有些人的价值观已经扭曲了，没钱、没房、没车，就不算一个成功的人，当人们的判断标准都是以金钱来做唯一标准的时候，你怎么能够要求别人去追求更多其他的东西？

在恋爱或婚姻里，感情是幸福支柱，但是金钱却附着在上面，甚至说感情已经成为金钱的附属品。一个人不管成功或失败都渴望感情，有句话是这么说的：没钱的男人恨女人物质拜金，但是有钱的男人巴不得全世界的女人都物质拜金！

曾经热播的《裸婚》，剧中那句经典台词令人难忘：虽然我没钱、没车、没房、没钻戒，但是我有一颗陪你到老的心，你愿意嫁给我吗？很多姐妹当即表示自己没有裸婚的勇气。所以这也是为什么很多女人变剩女的缘故了，没有一定的经济基础是不敢轻易把自己交出去的，这种压力要承受很长一段时间。

赤裸裸的语言让我们知道，金钱很难和感情脱离关系，虽然这种感情已经不能称之为感情了，而只是一种交易，只是感情上的背叛。我们不能只责怪男人，男人的背叛后面总站着一个女人，这个女人也可能是受害者，也可能也是一个背叛者。

我们身边有很多人还没结婚，有的人年龄已经快40岁了，因为她们把金钱放在了首要的位置。所以，她们很苦恼，不是没有人喜欢，男朋友也不是没有潜力，但是，就是希望看到现成的房子和金钱。

大家总说，当美好的爱情回归到柴米油盐的时候，就很容易经得起风浪经不起平淡。80后的离婚率一直在中国高居不下，出轨现象也屡见不鲜，因为大部分有钱人的感情似乎都来得太容易，不容易珍惜，当你红颜消逝、人老珠黄的时候，就会有人来接替你的位置，就像当初你看中了他的钱而爱他，他看中了你的貌而娶你一样，这只是一笔交易，当你的价值不再等于他的金钱的时候，他会终止交易。你一定会说："这些年我也对他付出了感情呀！"但是，你的感情一开始是建立在金钱基础上的，缺乏幸福感，所以廉价得不能再廉价，婚姻或感情的破产就理所当然了。

感情的固定靠的是真心。如果你真的爱对方，那就付出你的心，而不是你的钱。在这个世界上，人们最爱的是金钱，最讨厌的也可能是金钱。然而要是拿感情与金钱作比较的话。金钱永远输给了感情。因为，钱能买到的可以说是所有，却唯独少了一样，那就是感情。那种发自内心的情感，是无法用金钱来衡量的。所以，请珍惜身边每一个爱你的人。最重要的是陪你走向未来的人。要知道，爱不是谁都能轻易给出的，一旦给出或许是一辈子。

最后笔者想说，有钱固然是好事，只是不要把金钱看得太重。想要幸福，最重要的是牢固的感情，而不是建立在金钱上面。假使你哪一天没有了金钱，而你们又一直仅靠金钱维持着关系。到头来，只会是一场空。人，都有感情，只要抓住了对方的心，有没有钱，真的不重要。重要的是，你是否付出了你的真心，一颗爱对方的心。

幸福是生存的必需品

在任何条件下，如果你选择幸福，幸福就属于你。每个人都需要幸福，每个人都能给予而且得到它，它不是一种仅供有钱和有闲阶级享受的奢侈品。

生命中，我们需要食物和衣服，更需要幸福，只有更多地感受到幸福，我们才有理由生活下去。即使不富裕，幸福也是不可缺少的。幸福越少，温暖就越少；幸福越多，周身才会感受到无尽的温暖，也才有能力去温暖别人。

很多时候，我们甚至不在乎身上有多厚的棉衣。即使再厚，也解决不了心头的冷。我们需要一声祝福，一句体贴，一串问候。在我们遭遇逆境的时候，最感到冷，只有朋友才能给我们带来温暖；在我们伤病的时候，最感到冷，只有家才能给我们带来温暖。冷的指向不同，温暖的意义就有区别，但它的核心是不变的，那就是幸福。

幸福不只是逆境和伤病的时候才需要，在我们飞黄腾达的时候也许更需要，人们趋之若鹜、献媚逢迎，一句坦言，一声忠告，才是幸福。香甜过后，最能让人回味的是涩，最让你感到幸福的也是涩。

幸福是一种责任，也是我们每个人做出的一种选择，它是一个礼物，不是别人给予的，而是来自于我们的内心。我们应该将这个礼物给予我们自己、家庭和工作，毕竟快乐会帮助我们更好地做每一件事。幸福并不意味着我们要整天坐在一起嘻嘻哈哈或是哼着小曲，而是意味着享受更充实的自我，无论是作为妈妈、爱人、恋人、妻子、同事、老板或者其他任何角色。

生活中，幸福是一种必需品，所以我们时常怀揣一颗感恩的心。感恩生活，感恩自己，感恩身边的每一个人，让幸福来到我们的身边。因为懂得幸福的意义，我们更能感受到身边点点滴滴的关爱，更能体会到生活的那分美好。我们的内心就自然充满了一分满足和愉悦。与人交往时，我们用放大镜发现别人的优点，也用放大镜看着自己的优点，包容自己、欣赏自己。所以，我们内心的自信和力量不会被外来的挫折轻易击垮，我们的幸福和快乐才不会被外在的因素影响而减少。古人说得好：不以物喜，不以己悲。生活中控制自己的欲望，很多时候幸福就是欲望和现实的平衡。多一分洒脱和轻松，知足常乐，幸福感也就油然而生。

每个人都在需要幸福，追逐着幸福。然而很多时候我们总在仰望和羡慕着别人的幸福，一回头，却发现自己正被别人仰望和羡慕着。其实，每个人都是幸福的。因为幸福无处不在。

只要我们珍惜好眼前的时光，用积极乐观的阳光心态去过好当下的生活，用心去感受它，用心去体会它，我们便能知道幸福的存在。因为我们每个人都是需要幸福的！

与生俱来的幸福权利

自古以来，中国就有这样一种观念：每个人自来到这个世界起，通过不断承受痛苦和曲折才能得到成功，享受丰富的物质生活。就是连孟子也这样认为："天降大任于斯人也，必先苦其心志，劳其筋骨……"，世世代代的人们，就是围绕着这样的一种理论活着，活得苦，活得累，似乎人生在世就是苦难，就是痛苦，而且是应该的。多年来，这样的观念在我们中国人的脑袋里还不断延续，根深蒂固。

西方国家，以英、美为代表，他们的公民与生俱来就是要追求自我的幸福美感，追求生活的舒适度。各个机构、社团、企业等岗位的设置，都是以人的舒适度为前提，每个人是以自我对岗位的适合度来选择职业。因此，人们纷纷感觉到生活是美好的，工作是美好的，人是生活在一个美好的世界里。

追求幸福乃是我们与生俱来的权利，它是无价的、天赐的恩典，无需任何牺牲或代价，只要找对了地方，它随时都在那儿等候我们。

我们无需在世上成就什么大事来证实自己的价值，我们只须改变自己的观念，选择合适的生活方式作为自己的生命蓝图。

无论是你，还是我；无论是贫穷，还是富有。其实，我们都在努力。就算闲着，也要努力地等候这漫长的一天。

无论是穷人，还是富人，都是在过着每一天，都在很公平地走完人生的每一天。

对于每一个人，上帝发了同样的牌，只是用不同的文字和语法，来书写不同的生命，我们不必羡慕别人。有人努力去了澳洲，以为幸福了，后来才发现，那里的幸福和这里一样难找；有人努力升了官，以为幸福了，结果要面对的痛苦和挣扎比原来更多；有人坚强地成长，终于成功，以为幸福了，才理解了，成功的生活好麻烦……

智者说："别到处走，别到处抢，别搞得头破血流，焦头烂额，鸡飞狗跳，慌慌张张，诚惶诚恐。"智者说："我早已经把幸福交到你的心中，你只要抬着头，很舒服地呼吸就可以感觉到它在跳动；你只要用你的手，舒服地放在胸口就可以感觉到它在欢呼；你只要张开眼睛，眯成缝，再咧开嘴巴，淡淡地笑就可以感觉到它抚摩着你。不必追求幸福。幸福是用感觉来品的，不是用来追的。幸福如同入口的香芋冰激凌，用舌头去舔，让它慢慢地在嘴里化开，经过舌根和上颚，流进身体的。

幸福不需要追求，只需要懂得珍惜，懂得品味，懂得感恩，懂得触摸。幸福是随身携带的，来自上天的礼物。幸福从你一出生开始，就从未离开过。只是当你贪心地追求，着急地追求，刻意地追求，违背自然地追求，违背良心地追求它的时候，它远远地离开了你。就像上帝也在那一刻离开了你，不再陪伴你。幸福，是你与生俱来的，不要为了追求而赶路，把它落在了路上。

幸福是生命的强心剂

幸福是人生的使命和价值，是努力的终极方向和目标。

在我们的"乌托邦"世界里，我们都可以做有意义的事，这使我们很快乐。但现实不是这个样子的。我们必须为我们的生活奔波，家里吃的、住的、小孩的教育，都成了我们的重点。为了这一切，我们不可能离开一个高薪去寻找一份快乐的工作。

对于即将毕业的大学生而言，大学毕业生，虽然他们不喜欢每周 80 个小时坐在电脑前，但为了工作经历，他还是会这么做。只要他记得幸福才是目标中的目标，他就不会掉进忙碌奔波的陷阱里，无止境的耽误自己的快乐而投入那 2～3 年的时间，对他们来说就是值得的。

大多数的人都会经历幸福饥荒。无论是必须的还是自愿的，我们在生活中总会有无法快乐的时候。幸运的是，这不代表我们要在这些时期里放弃任何东西。

有关专家在研究中指出：从事有意义的事情也会影响其他无关的领域："对自己目标的兴趣和价值有认知的人，可以更有效率、有弹性，以及更有创意地把这些优势覆盖到生活的其他领域里。"他们的信心、热情、充实感是会传染的。

具备意义和快乐的行为，就像是暗室里的蜡烛一样——就像只需要一支蜡烛可以点亮整个屋子一样。一个幸福经历，可以感染到我们生活里的许多地方。我将这些虽然小，但有连锁效应的事情叫做"幸福强心剂"——几个钟头甚至几分钟的事，可以为我们带来幸福和快乐，现在与未来的收获。

幸福强心剂是一个有激发性的东西。对于为人父母的人来说，他的强心剂是周末与孩子共处的时刻。这种力量可以带着他度过一周，让他在每天早上起来时感到一种使命感。同样，强心剂还可以给他活力，让他在工作上表现得更加出色。而对于即将工作的毕业生来说，每周和朋友相处一次，可以帮助他快乐地度过那时长两年的乏味工作。

有一个从事法律顾问的人，已经从事这个职业20多年，他已经不再喜欢这个工作了，但他又不愿意放弃，家人都不同意他辞职。后来，他知道了"幸福强心剂"，从此以后，他每周至少花两天的时间和家人共处，每周至少打一次网球，每周花3小时阅读自己喜欢的读物。他还参加了高中学校的董事会，期望能为下一代带来更好的教育。就像他之前从不缺席与客户的会议一样，他现在绝不会缺席与家人共处的时间、学校的董事会或是自己独处的时间。从而他重新找回了自己的快乐。

任何的改变；好像旧习惯一样是很难去除的。幸福强心剂还可以帮助我们度过困难的时刻。从小事情着手，比大幅度改变的阻力要少得多。由内在或外来的都可以，幸福强心剂代表一个比较温和，少风险的改变方法。

在日常生活中，我们可以专注地读书和学习。有位哲人说过，希望天堂是图书馆的模样。人间多一座书店，多一座图书馆，世间就少一座监狱。喜欢买书、选书和读书的人，当他沉浸在书中时，仿佛时光飞梭停止了，那一刻是美妙和奇特的。当他写下自己的感触和体验，一种真实的福乐感油然而生。在这个已经碎片化的岁月里，也许读书和学习，能让他保持心灵的完整和丰盈。

不懈地散步和跑步可以强健身体，还可以缓解压力。有哲人说过，身体是看得见的灵魂，灵魂是看不见的身体。幸福来自于身心合一，内外兼修。科学角度证实，锻炼身体会分泌内啡肽和多巴胺等使人产生快乐的化学物质，而这会让我们开心和幸福。

　　和孩子、爱人在一起可以松懈一天的疲劳。当我们回到家后，彻底放松和休憩。多么不开心的人和事，在孩子软软的亲吻中归于无形。而与爱人的亲密无间，就如同人不可或缺的早餐、中餐和晚餐。每天早上在爱人精心准备的早餐里汲取爱的能量，而婚姻就如同午餐，既有柴米油盐酱醋茶，更有琴棋书画诗酒花。

　　其实，幸福就是要身心平衡，关注当下，所做的每一件事情，都要快乐而有意义。就像写下我的这篇文字，当下会让我开心快乐，未来会让我忆起这样一个静谧、幸福充盈的夜晚。我们养成幸福的习惯，而习惯塑造我们幸福的生活。

中篇

如何获得幸福
——推开遮蔽幸福的屏障，
与幸福不期而遇

第一章　回归真实的自我
——成为自己时最幸福

认识你自己，寻找幸福的可能性

　　一位少年去拜访一位长者，他问："我如何才能让自己生活得幸福愉快，也能给别人带来幸福呢？"老人以赞许的眼光看着少年，笑着说："你能有这样的愿望很难得，但要想明白人生中的道理却并非易事。我送你四句话，明白了这四句话，你自己的幸福与给别人带来幸福的可能性就大了。"少年虔诚地听着，长者接着说："第一句是把自己当成是别人；第二句是把别人当成自己；第三句是把别人当成别人；第四句是把自己当成自己。"少年听完沉思了一会儿，觉得前三句还可以理解，而"把自己当成自己"究竟是什么意思呢？少年疑惑地问："这四句有许多矛盾之处，我如何才能将它们统一起来呢？"长者笑着说："这得用你一生的时间和阅历去体会。"

　　时间流逝，少年慢慢变成了中年，又走到了老年，人们都称他为智者，因为他自己是个愉悦的人，也能给身边的人带来愉悦。他用一生的时间体会了这四句话的真谛。直到经历了许多之后，他才慢慢体会到当年长者告诉他的"把自己当成自己"的真正含义。当他经历挫折或解决不了问题时，就会回到自身去看待自己，对自己有个全新的认识，清醒地面对自己的人生，走自己的路，从中发现自身的缺点与不足，找出更好的实现自身价值的机会，渐渐地他找出了克服自己心理障碍的方法——在遇到困难时先认清自己。

能够认识别人，是一种智慧；能够被别人认识是一种幸福；能够自己认识自己才是提升自己内在价值的关键所在。认清了自己，自然会在遇到烦恼时分析自身原因，在处事中发扬自身优点，克服缺点。而不是在遇到挫折苦难时试图从别人的轨迹上寻找别人的幸福，烦恼而不自知，那样就失去了自己，最终也找不到自己想要的。

存在即合理，每个人都有自己存在的价值，找到最真实的自己，深刻地去感悟自己，合情合理地去追寻，追求自己最想要的生活，幸福就会越来越近。人生没有现成的幸福等你领略，幸福的可能性是靠自己慢慢发掘的。认清自己在生活中所处的位置，你会找寻到自己奋斗的目标。认清自己的优点与缺点，你会在工作、学习中扬长避短。认清自己你才能在迈向自己理想的旅途中顺风顺水。

每个人都有属于自己的角落，只有在这个角落里，你最清楚你自己；只有在这个角落里，你最自在，你最幸福。

成为自己时最幸福

幸福的来源是什么？恰如黑夜给了我们一双黑色的眼睛，我却用它来寻找光明一样，生活给了我们成长的快乐，同时也给了我们幸福的来源。不错，幸福来源于生活。而生活的幸福就是幸福的宗旨吗？

生活有时让我们忽略了停下脚步欣赏生活的点点滴滴，让我们习惯了在紧张忙碌的工作中得到人生的价值。每当下雨天时，我们会觉得是一次享受。因为那可以让我从忙碌的生活节奏中抽出身来，可以让自己享受在那片绵绵细雨中。在窗边挪过一把椅子，泡上一杯浓浓的香茶，望着精灵般的雨滴，滴答滴答顺着屋檐流下。似一帘珍珠般的窗帘，遮挡着我们的视线。街上多彩的雨伞下，不时地溅出水花，调皮的孩子追逐着雨水戏耍。商店门前躲雨的情人，相拥一起嬉笑着他们的悄悄话。看看，多好的雨景。它让我们摒弃了本来多余的烦躁，给了我们更多的淡淡的沉静。我们不知道雨伞下孩子的乐趣，也不晓得那对情侣在悄悄地说些什么。但我们看到了他们的快乐，他们的高兴，此刻他们应该是幸福的。当然，他们完全不必关心这些。因为这些已经飘忽于他们的思想之外，他们更多的是专注于当时的快乐，当时的感觉。

幸福是迷离的。它似乎隐藏于我们的身边，又好像远远地逃离出我们的周围。就是这么奇怪的感觉，给了我们很多的感动。我们感动幸福的来临，我们悲怜幸福的消逝。

当身边没有别人时，突袭的寂寞感给了我们很强的冲击。那种空灵挤压在我们的胸腔，慢慢地变得膨胀。是我们不习惯了自己，还是自己不习惯了寂寞？曾经的"哥不寂寞，因为有寂寞陪着哥"，这句话给了我们多少的自嘲和欣慰。阿Q般的精神催眠，使我们对自己唤起了生活的勇气。有时静下来想想，孤独并不是坏事。我们并不是因为孤独才寂寞，而是我们因为寂寞才孤独。看起来似乎不合逻辑，但是我们不必去追求多么的精确吧。就这样，慢慢地单独享受这个只有自己的生活空间。慢慢地体会来自于自身的这种感觉，这种思维纷乱的世界里有了我们最纯真的幸福。

我们不需要拒绝独处，即使最亲密的朋友也会与我们分开。因为他们也要有自己的生活和追求幸福的渴望，所以我们不只是要懂得喜欢这个留下的空白时间，还要懂得使用这个只有自己的空白。渐渐迷失的本性，让我们游离在烦躁的现实生活里，唯有剩余的这份空白，让我们更多地回归了自己。成长的代价不是让我们失去的太多，而是让我们得到的太多了。

悠然地在下雨天品茶赏雨，然后回忆点滴的片段。这就是生活给我们的幸福，给我们的幸福空间。不是我们的生活缺少幸福，而是我们缺少让自己静下来的心灵。不是我们不需要朋友的相处，也不是我们只需要自己的孤独，更不是我们超然世外的独处。我们需要的也许只是那么一点点空虚的时间，那么一点点给予自己的孤单。因为那些可以使我们的心灵得以净化，使我们的内心得以短暂的休整，使我们找回丢失的自己。这也许是一种幸福，一种属于自己的幸福。幸福就是这么简单，没太多曲折的追求。面对幸福，你准备好了吗？

幸福就是按自己的曲子跳舞

世界上没有完全相同的两片叶子。上帝把世间万物创造的各不相同，就是要让他们活出自己的特色，拥有与众不同的人生。每个人都有每个人不同的长相、性格、脾气、爱好，但是有的人却总觉得别人的就是好的，别人拥有的自己也想拥有，这才是幸福。其实不然，别人的东西再好也都是别人的，即使你拥有了一模一样的，你也未必会感到幸福。你只不过是羡慕别人拥有幸福的感觉。

有个人一直想追求充实、满足、快乐和幸福的生活，为此，他总是紧随潮流，他看到别人用新款手机，他立刻就买；当别人有轿车的时候，他也不甘落后，马上开上了属于自己的小轿车。即使这样，他仍然快乐不起来，也感觉不到丝毫的幸福和满足。郁郁寡欢的他为了摆脱这种情绪，决定出门旅行。

有一天，他来到了一个很偏僻的少数民族村落，这里相对封闭，没有多少现代化的东西。可是，他发现村民们却活得非常快乐。一到晚上，人们吃过晚饭，就在一片空地上点起篝火，乐师们弹起他们心爱的乐器，男女老少一起载歌载舞，直到尽兴才归。从他们的神态中看不到一丝一毫的忧愁，你所能感受到的除了快乐，还是快乐。到底是什么让他们如此快乐？他百思不得其解。

一天晚上，在村民们跳舞的间隙，他与一位年长的乐师攀谈，他问乐师："为什么你们总是那么快乐？"老乐师听了他的话并没有马上回答，而是弹起了一首古老的曲子，老乐师对他说："年轻人，你跳起来吧，但是，你一定要记住，无论我弹什么曲子，你都不要受我的影响，而是要学会按照你自己心中的那支曲子跳舞。我相信你会找到答案的。"

就这样，他真的跳了起来。虽然，他跳得很累，但是不知怎么回事，一场舞跳下来，他却很轻松、很惬意，那是一种他从来也没有感受过的快乐。而就在他静下来的那一刹那，他心中突然一亮，老乐师真是高人，原来他是在告诉自己：一个人如果要想真正获得快乐，那就必须按自己的曲子跳舞。

一个人要想获得成功，就必须按自己的曲子舞蹈。走别人走过的路，你会感到路途平坦，却不容易成功，因为你走过的都是别人已经走过的。走出一条属于自己的路，你才能感受到幸福的滋味。按自己的曲子跳舞，需要有勇气，而且要心境澄明才能做到。学会放下心中的欲望，走出一条有自己特色的路，才能品尝到别人没有的，独属于你自己的幸福。拥有丰富绚丽、富有创意的人生是有意义的，因为可以按自己的想法设计人生，这样的人生才风雨无悔！

按自己的曲子跳舞，就要做自己喜欢的事情，不要在乎别人怎么看、怎么说。要明白别人拥有的，并不一定就是你需要的，只要是自己认定的，就为此坚持下去，那么一定会有收获。简而言之，一切随心，莫理世俗。

走一条属于自己的路，也许这条路会很孤独，但是，你会体会到别人无法领略到的愉悦滋味。按自己的曲子跳舞，依据自己的兴趣做自己喜欢的事。按自己的曲子跳舞，一切随心随缘，不理世俗。别人拥有的，并不一定是自己需要的，而自己所要的，哪怕是别人无法理解，只要自己坚持，就能获得想要的幸福。

从幸福中看穿自己

幸福是什么？按年轻人的话说就是：猫吃鱼，狗吃肉，奥特曼打小怪兽。做自己想做的，做自己能做的，在自己的范围里做自己力所能及的事，这就是幸福。虽说这话是一句幽默的言语，但也不难看出年轻一辈对幸福新的解释。

幸福有时像顽皮的孩子，他会跑来蒙住你的双眼；幸福有时又像羞涩的少女，总是喜欢用面纱遮住自己娇嫩的脸，当她飘然而过，望着那模糊的背影，我们才会怅然说道："那，可是幸福？"

提起幸福，总会浮现一些美好的画面。儿时，母亲悄悄塞在手里的一颗糖果；在外受到委曲时伏在母亲怀中听母亲柔声的安慰；节日时，一张张盛满祝福和思念的贺卡，手机里传来的温暖短信；儿时在天空中放飞的风筝，还有过年时那单一的礼花绽放；与亲密的朋友分别后，一封封穿梭在岁月中泛黄的书信；亲朋好友从千里之外打来的电话。与父母、兄弟姐妹相聚，一起轻言细语，谈家长里短；深夜里为电视情节中的主人公洒下的那滴热泪；独处时，随手敲下的一段文字；与知心朋友的一次交心。春风中，在万米阳光下绽放的第一枚柳芽；夏日里，一场疾雨后高悬天边的一轮彩虹；秋风中，静静飘落的一片金黄；寒风中，自由飞舞的雪花。

也许，你会问："这，就是幸福？"是的，时光流逝，能够紧握在手中的幸福，也只是这样一些微不足道的点点滴滴。所以，我们应该从平凡中寻找幸福。

我们总希望自己能看穿别人，那样就可以游刃有余地和别人交流，知道别人内心真实的想法，说到别人的内心去，顺利地和别人交朋友。这首先取决于我们的观察力，但是我们怎么才能从幸福中观察到自己的内心呢？每当我们看到别人幸福的场景时，有羡慕、嫉妒、恨，我们一直以为那也是我们寻找的幸福，是我们内心深处对幸福的向往。殊不知从别人的幸福中我们可以看穿自己的内心。从自己的幸福中我们一样也可以看穿自己的内心。

有时我们会从一件小事领悟出我们所苦苦寻找的幸福在哪里。于是我们朝着那个方向改正自己的缺点，一步步向幸福迈进。从幸福中感悟人生，提高自己的精神境界，发扬优点，改正缺点。通过幸福，感受亲情，感受友情和爱情，感恩世界，从高处审视自己，进而追求永恒的幸福。

所以说，我们从幸福中看穿自己的欲望，看穿自己的内心世界，从而总结出我们所追求的幸福是什么，然后往那方面努力，最后享受自己的幸福。这是最完美的境界。在我们追求自己幸福的过程中，我们也会不断地感悟到幸福的真谛，从而会追求简单的小幸福，感受自己身边的微小的小幸福。知道如何感受幸福了，我们就会发现身边到处都是幸福，幸福是一件很简单的事，那样我们就会一直很幸福。所以，从别人和自己的幸福中看穿自己的内心是追求永恒幸福的捷径。

朋友们，从今天开始我们从幸福中看穿自己的内心，一起做一个幸福的人吧。

爱自己，幸福才能开花结果

知道吗？这世界上有这样一个人，离你最近也最远；他与你最亲也最疏；你常常想起，也最容易忘记他。这个人是谁？他就是你自己。

最近，庙里新来了一个小和尚。有一天，他突然跑到方丈面前，殷勤诚恳地说："我初来乍到，先干些什么呢？请前辈指教。"

方丈笑了笑，摸着小和尚的头说："你先去认识一下寺里的众僧吧。"

第二天，小和尚又兴冲冲地跑来找方丈，说："寺里的众僧我都认识了，下边该干什么呢？"方丈这次微微一笑，睿智地说："你一定还有遗漏，再接着去了解、去认识吧。"

3天过去了，小和尚再次来见方丈说："寺里的所有僧侣我都认识了，你这次可以给我派活了吧？"

方丈说："还有一人，你一定还没认识，而且，他对你特别重要。"

小和尚疑惑地走出方丈的禅房，一个人一个人地询问着、一间屋一间屋地寻找着。在阳光里、在月光下，他一遍遍地琢磨、一遍遍地寻思着……

不知过了多少天，一头雾水的小和尚，在一口水井里忽然看到自己的身影，他豁然开朗。

原来，方丈让小和尚去找的就是他自己，但是很少有人能像那个天真的小和尚一样看见了自己的倒影，就能悟出"自我"的可贵。于是不懂得爱自己的人就开始了自哀自怨，责怪这个世界的不公平，甚至心灰意冷，觉得自己被幸福抛弃了。去爱自己，这是人类对生命本身的崇尚和珍重。这让我们的生命更加健康；可以让我们的灵魂更为自由和强壮；可以让我们在无房无居的时候，亲自去砌砖叠瓦，建造出属于我们自己的宫殿，成为自己精神家园的主人。

就算在你一无所有的时候，你依然需要珍爱自己。英国文学家约索夫·艾迪逊说过："真正的幸福是从欣赏自己开始，然后才来自于友谊。"所以要明白，爱自己是基础，爱自己是万爱之源，这是世界上最伟大的一种爱。只有做到爱自己，和其他人的关系才能真正算是一种爱的关系，而不是建立在需要、依靠、恐惧或不安全的感觉上。

坐飞机的时候，乘务人员在讲解应急措施的时候会告诉我们："请先把你自己的氧气罩戴好，再给小孩子戴。"这乍一听起来，觉得做法很自私，但仔细思虑之后，就发现有现实的原因在里边。如果你自己都不能自保，又怎么能去帮助孩子呢？首先，需要照顾好自己，才能分出精力和心血去照顾其他人。

爱就像一个氧气罩。如果不能先爱自己，就不能完全地去爱别人，当然，也没有力量去爱别人。如果你真的爱自己，就应该把自己的先放在第一位，然后，才有能力去爱别人。总之，爱自己，不是自私。只是因为，只有先有能力爱自己，才有能力去爱他人；只有先让自己获得幸福，才有资格和条件去给别人幸福。

你的生命就是你的幸福画布

上帝赐给我们每个人生命，但只是空白的生命——就像一张空白的画布。你的人生过得如何，就要看你怎么样去填充这块画布。我们每个人都是自己生命的绘画者，那空白的生命是你的画布，你要用一生去装扮它：你可以在上面画上快乐，也可以在上面画上悲伤；你可以在上面画上幸福，也可以在上面填上痛苦……无论怎样，都是自己的选择，自己的努力，自己的决定。你可以好好运用这个权利来妆点你的人生，在这块画布上无论是幸福多一点儿还是痛苦多一点儿，全由你自己而定，这是每个人都拥有的权利。

我们常常会思考，幸福到底是自己创造的，还是别人给予的？痛苦是别人给予的，还是自己一手造成的？当我们遇到不开心的事，往往会把原因归在他人身上，觉得是他人给你造成了不快，其实，自己的情绪只能自己支配，你伤心或者开心也只有自己能感觉到，你如果想让自己开心起来，感到更加幸福，别人是制止不了你的。当你想在生命的画布上绘满幸福时，或许总有一些人会有意无意地在上面泼了些墨，让这幅画变得不那么和谐，可是现实生活就是这样，不可能事事如意，你不能阻止别人怎样做，只能自己尽力让画布变得更加绚烂，幸福更加多一点儿。改变不了现实，我们就只有改变自己，让自己的心态积极一点儿，这样会让自己更快乐点儿。

人的命运并不是主宰在上帝手中或是别人手中。任何人都是自己命运的主宰。生命自有其运行的规律，上帝赋予我们的只是生命，我们要用积极的心态，自己的努力，去填满这块画布，你想过的幸福，就自己在画布上绘上属于自己的幸福。

幸福是什么？没有人能清楚地回答这个问题，幸福只存在于心，每个人都会对幸福有不同的感受。但毋庸质疑的是幸福是每个人梦寐以求的，幸福并不是金钱和荣誉的满足，而是自己一手创造的精神上的满足。我们要让自己有一双能发现幸福的眼睛，去发现生活中更多的意义，将这些发现填满生命的画布。对幸福的追求将成为我们最大的驱动力，激励着自己用心发现，努力寻找。幸福原本是人人都具有的一种能力，但随着社会的发展，很多人慢慢在这种环境中迷失了自己，弄丢了幸福，所以，我们现在更需要重新找回丢失的幸福。

找回丢失的幸福容易吗？其实，幸福并不是找不着，最重要的是你对生活的态度，幸福而富足的人生其实遵循着非常简单的实现法则：只要你聆听内心的声音，按自己的想法做事，善于发现生活中的微小幸福，那么你就能将这些微小的幸福填满画布！用心发现，幸福其实就在你身边。

不要阻挡自己的幸福

很多人总是觉得自己不幸福，觉得自己没有能力，无法抓住幸福。事实上不然，那只是在为自己开脱，你不幸福的主要原因不是能力和客观条件，而是你自身的潜意识。

约瑟夫·墨菲是世界潜意识心理学权威，他提出：潜意识能解决你的所有问题，能治愈你的身体，实现你的梦想，甚至连你不敢想的事情都能被实现。

对照自己好好想想，是不是心里的软弱阻挡了你前进的脚步，是不是可笑的自卑阻挡了你思维飞翔的翅膀，是不是你的潜意识让你放弃了幸福的机会？

仔细想想，难道不是这样吗？

墨菲曾经讲过一个故事。

在一条路上有一个老树桩，有一匹马每次路过都会受惊却步。后来农夫为了不让马再受惊，就把树桩挖掉了。可是当这匹马再次路这里时，竟然又停住了脚步。这种现象发生的原因，是因为在马的潜意识里依然存在着树桩的记忆。

而人也一样，在幸福的道路上其实没有"树桩"，那只是你的幻想而已。在你的潜意识里你现在有什么担忧，你现在就可以把它从你的心中挖掉，告诉自己，再也没有可以阻挡我的东西了！

当路上再也没有了可以阻挡你的"树桩"，想想你会变成什么样呢？自信、乐观、充满干劲，到了那时，又有什么能阻挡的了你前进的步伐呢？幸福是自己抓到的，如果永远沉溺在懦弱里面，幸福就不会自动落在你眼前。要相信我们都有着巨大的潜力，要对这种潜力有自信，幸福就属于你，你就会实现心中理想。

来吧，忘记那个让你无法前行的障碍，去追求想要的生活，去追求喜欢的人，去追求那些你所倾慕的一切。成功在于尝试，当你推开荆棘迈开脚步，就证明你已经奔赴在得到幸福的道路上了。没有什么能够阻挡，我们对幸福的向往。

世界上最幸福的人，就是那些能够常常将心中最美好的东西施展出来的人。幸福和德行互为补充。最幸福的人不仅是最美好的人，通常也是最能成功体现生活艺术的人。常常表达爱、光明、真理和美好，你就会成为当今世界上最幸福的人之一。

美国心理学家之父威廉·詹姆斯说过，19 世纪人类最伟大的发现不在自然科学领域，而是人们的潜意识在信仰的触动下所产生的力量。我们的潜意识支配着行动的力量，这种支配力量影响着我们迈向幸福的步伐，移除内心里潜意识的障碍，能让走向幸福的道路更加畅通。打破潜意识中的障碍，最主要的就是勇于迈出第一步，在不断的实践中去克服这个障碍，使内心的道路更加平坦。消除了内心潜意识的障碍，你就拨开了幸福藏匿的云彩。不要因为潜意识的障碍而挡住自己幸福的降临。

幸福从听见自己的声音开始

孤单和寂寞总是在我们一个人的时候悄然而至。我们往往因为害怕孤单和寂寞而去找伴侣。不过，有时候即使身边有人陪伴，我们依旧会感到恐慌和寂寞。而此时，与自己对谈，是找回自己本质的第一个方法，也是面对自己的开始。因为有的时候我们往往不清楚是因为爱对方还是出于自己的恐惧而要紧紧抓住可能要失去的东西。我们急需在静谧处聆听自己内心的声音。

有人向朋友倾诉，自己从小到大一直走在父母为自己铺设的路上，决定着从小学直至大学的去向。到了大学毕业，他以为终于可以离开父母的庇护，开创属于自己的一片天地时，父母却为他联系了国外的一所大学，希望他能继续出国深造。他的自由梦又破灭了，违背了父母的意思会使他们失望，而放弃自己的决定却是那么不舍。朋友告诉他，何不听听自己内心的声音？走别人为你铺好的路固然容易，却失去了自己拼搏的乐趣，当你真正在做自己喜欢的事时，幸福才会眷顾于你。

我们从小就听从父母、学校的安排，努力配合父母的期待，或配合同学，或配合另一半的期待，让自己成为对方想要的样子。但是这样我们却失去了遵从自己内心的决定的机会，成了一个名副其实的流浪汉，成为被人牵引的木偶，随波逐流，慢慢地我们就成为对方想要的样子。

　　如果去深究其原因，我们会发现，这是因为我们还不够"爱自己"。为别人考虑得太多，为了父母的期许，朋友的情谊、爱人的期待，我们渐渐成为他们想要的样子，却拒绝了内心发出的声音。因此，不按自己的模式重复，同时也创造了新的模式，从而逼得我们不断地面对困难与问题，或不断地修复内心的惊恐。当越来越多的恐惧充斥内心，我们也离自己的期许越来越远。

　　在古老的厄尔辛民族的预言书中记载，人的情绪有两种主要的极端，一为"爱"，另一个便是"恐惧"。我们用情绪表现着对各种情况的反应。而"爱"是大多数人一生中最主要的情感需求，没有爱，生命将失去光华。而恐惧主要来源于心里的不安，担心做错事情或怕自己失去某样东西。很多人想用各种手段去谋取"爱"，得到的却只是恐惧，越是抓得紧的就越怕失去。所以，不想失去的办法就是遵从内心的声音去争取，幸福是从听见自己的声音开始的。

　　认真聆听自己内心的声音，会让你走上一条属于自己的路。当你去遵从自己的内心，追寻着内心的声音前进，做自己所喜欢的事，而不是再像小时候一样听从父母的安排，你会发现原来按自己的内心指引前进竟是如此惬意。不要害怕没有按父母预想的做好怎么办，不用担忧朋友失望了怎么办，因为这是一条自己决定的路，你有权利去规划这条路的方向。如果你已经开始了一条自己的路，那么幸福就正在向你招手，请你按照内心的指引走下去，幸福的终点便会越来越近。

第二章　爱，把现实与幸福的距离填上
——幸福的重量是爱的力量

爱是我们理解这个世界的基础

　　爱是无私的奉献与给予，包括物质、感情、行动等形式。有爱的人有朋友，博爱的人朋友广。没有爱的人从不关心一切，只有自私，这种人将父子兄弟视若路人甚至仇人。这种人是社会发展的障碍。爱是与生俱来的，所以可以认为是本性的特质，换言之，爱是作为人必须具备的本质之一。虽然世界各民族间的文化差异使得一个普世的爱的定义难以道明，但并不是不可能成立（沙皮亚－沃尔福假设）。爱可以包括灵魂或心灵上的爱、对法律与组织的爱、对自己的爱、对食物的爱、对金钱的爱、对学习的爱、对权力的爱、对名誉的爱、对他人的爱，等等，不同人对其所接受的爱有着不同的重视程度。爱本质上是一个抽象概念，可以体验但却难以言语。

　　喜欢，仅代表个人心理感受。当见到喜欢的人或事物时，自身感觉到快乐。当喜欢达到一定的强度，人就会为之付出物质、时间、情感，甚至倾其所有，这时就上升为爱。爱，代表着愿意为对方无条件地付出，而不求回报。就像母亲对孩子的付出一样。爱是愿意为喜欢的人付出。如果不愿付出，仅仅是追求在一起时的快乐，那仅是喜欢。对于这个世界，也要从喜欢上升到爱得地步，你才能真正地理解这个世界。

在我们一生的旅程中，某些经历产生的感觉和感情会引起我们的变化，变得更深刻、更丰富、更本质。从这种经历中，我们获得对生命的意义只有形成了复杂的感情和概念，我们才能够开始真正理解世界。

客观世界和身体内部产生感觉，感觉又产生感情和情绪，赋予我们与世界相关联的"色彩"（质地、形状、共鸣，等等）。我们生长的环境，塑造我们对世界的思考和感觉，影响到我们在世界中的行为。

只有形成了复杂的感情和概念，我们才能够真正理解世界：我们对他人和世界越开放，他们展示出的真实内在品质越多。越是限制我们的感觉能力，我们与世界和他人的交往难度越大，虽然不是不可能。有个别例外情况，如出生时就有感官缺陷的人，或由于意外事故、疾病等，丧失了某种感觉功能，如果他们努力克服障碍，发展其他的感觉功能作为补偿，他们一样会获得成功。虽然他们有一些缺陷，但是他们并没用对这个世界失去信息，而是坚强努力地活着，他们依然爱着这个世界。就是因为他们爱这个世界，所以他们能理解世界，理解周围的一切信息。

爱的表达方式有很多种：说出来很明了，用行动表达的默默的爱，还有一种没有机会说出来和表现出来的凝聚在心里的爱。要理解世界，就抱着一颗爱世界的心，抱着在自己内心没有表达出来的爱去理解这个世界。

幸福的标志就是热情及辐射出的爱

美国作家爱默生曾写道："人要是没有热情是干不成大事业的。"大诗人乌尔曼也说过："年年岁岁只在你的额上留下皱纹，但你在生活中如果缺少热情，你的心灵就将布满皱纹了。"

人们有了热情，才会表现出对一种事物的爱，有了热情和爱，就会积极而努力地去做某件事，进而获得幸福。一个人如果在生活中非常有热情，就能把额外的工作视作机遇，就能把陌生人变成朋友；热情会让人们获得许多意外的收获。就能真诚地宽容别人；就能爱上自己的工作，无论他是什么头衔，或有多少权力和报酬。人们有了热情，就会充分调动自己的业余时间去做自己喜欢的事，去培养就能充分利用闲暇来完成自己的兴趣爱好。如一位领导可成为出色的画家，一个普通职工也可成为一名优秀的手工艺者。有了热情，没有什么你感兴趣或是想做的事做不到，只要全力以赴。

当著名大提琴家 P. 卡萨尔斯当年已九十高龄的时候，他还是每天坚持练琴 4～5 小时，当乐声不断地从他的指间流出时，他已经弯曲的肩背又变得挺直了，他的疲乏的双眼又充满了欢乐精神。美国堪萨斯州威尔斯维尔的 E. 莱顿直至 68 岁才开始学习绘画。她对绘画表现出极大热情，并在这方面获得了惊人的成就，同时也结束了折磨她有 30 余年的苦难历程。

人们有了热情，就会辐射出对很多事物的爱，因爱而变得更加积极，也就增大了获得幸福的可能。如果生活中充满了热情，人就会变得心胸宽广，抛弃怨恨。如果一个人拥有热情，就不会抱怨生活的琐事或是命运的不公，而是把更大的精力都投入到自己所喜欢、所热爱的事物中，就会变得轻松愉快，甚至忘记病痛，当然还将消除心灵上的一切皱纹。

每个人的天性中都有一份热情，只是这种热情因受环境、个人修养、性格的不同而有所影响。但是，热情也是可以后天培养的一种心态。如果只要我们懂得热情生活是幸福之源，我们就会学会热情生活。

一位网友在自己的博客中这样写道：

小时候在农村度过，那时农村很困难，大都是缺粮户，无论大人还是孩子们也很少穿上新衣服，吃上饱饭。可在我的印象中，尽管日子艰难，但多数人成天有说有笑，我和同伴们也受感染似地感觉很快乐。我想，你总是对人们有一种对新的生活充满美好和憧憬，热情地去面对未来，那么慢慢地，你就会从中发现热情的巨大力量。珍惜来之不易的人生和生活，才会快乐与幸福。当然也有与此相反的人，他们对什么事都缺乏热情，也缺乏对所有事物的爱，对生活心灰意冷，甚至悲观厌世。他们也因此失去了获得幸福的机会。

我的一个堂哥，就是这种人。记得有一次我从学校放假回家，和他一起聊天，他唉声叹气地说，人活着没意思，我不记得当时我是怎样回答他的。过了几年，也就是我参加工作后，突然有一天听说他在屋后面的树上吊死了。现在想想，其实他对生活的态度很消极，只看到生活艰难的一面，而没想到通过努力可以改变生活或是正确热情地面对生活。罗素认为，一切心灰意冷都是一种弊病。消极的情绪确实会在某种环境中不可避免地产生，但无论如何，只要它一出现，就应该尽早予以治疗，而不是将它视为一种高级的智慧一直放大。

记得有位哲人说过："永远用热情的宝石般的火焰燃烧，并保持这种高昂的境界，这便是人生的成功。"如果我们可以把自己的全部热情都注入到生活中去，并由此衍生出对所有事物的爱，那么生活就如我们曾经有过激情时那般富于灵性，富于色彩，变得丰富多彩而又富有灵性，幸福也会在不经意间眷顾。而我们有时候会有所抱怨，会有所不甘的，其实都源于我们的那一份惰性。我们内心还存在着一些消极的情绪——始终在希求着一份施舍，我们没有拿出那么多的热情来对待生活。而只是消极地等待，希望生活赋予我们精彩和满足。尽管人生会有许多艰难困苦和不幸，与其感叹或抱怨，不如拿出你的热情面对生活。只有时时刻刻充满热情，生活才会少几分无奈，你的生命中才会辐射出你对生活、对所有事物的爱，这样才会带来更多的幸福。有付出总有回报，你热情对待生活，生活就会给你带来幸福，让我们真挚、热情地生活，成功和幸福将会伴随我们过一生！

幸福圈： 释放爱的能量

《幸福的方法》在《美满的婚姻》一章有一节是"幸福圈：释放爱的能量"。在这一节中讲述了一位心理学家曾做过的一项研究：总在母亲身边玩的小孩要比不在母亲身边玩的小孩有丰富的创造力。调查研究发现孩子们在母亲身边的一定范围内，创造力是极其惊人的，这也可以叫做"创造力圈"。原因是他们知道那个无条件爱他们的母亲就在身旁，那种来自无条件的爱带来的力量，给我们建造了一个"幸福圈"。

我们每一位教育工作者都要努力创造这样的"幸福圈"。你所创建的"幸福圈"就是你的人生功绩，你一生所创立的"幸福圈"就是你的人生功德，就是你建立的功业。人生在世，建功立业，建什么功，立什么业？归根到底就是通过各种各样的方式努力打造幸福圈，扩大幸福圈。这个幸福圈包括你自己、你的家人、你的好朋友、你的同事，你所能影响到的社会。只有幸福圈越变越大，幸福才有可能更持久、更牢固、更坚实。

"幸福是人类的至高财富"，所以我们每个人都应该努力去创造幸福圈，你创造的幸福圈有多大，那么你内心的空间就有多大，同样社会将回报给你足够大的空间。你心里的空间有多大，社会就会回报给你有多大的空间。你给别人带来幸福，人们也将会永远记住你。作为学校的工作人员，你得是留在学生和家长心中的一首颂歌。我们生活在学校这个集体中，要不断地反思，深刻地反思，自觉地把个人幸福与他人幸福连在一起。我们要时时感觉到个人的荣辱、幸福是和集体的声誉血脉相连的，并为这种血脉相连的幸福努力工作、顽强拼搏！我想，这是我们能够做得到的。

生活对于每个人来说都是平等的，上天不会偏爱任何一个人。但人世间有的人会感到幸福，而有的人感受不到幸福或幸福感不强，是因为幸福是一种能力，是感谢生命赐予和现有生活的能力；是感受快乐、抵制不良情绪的能力；是不断反省自己、完善自我的能力；是一种调节身心平衡，调节人与社会平衡的能力。

幸福不会从天而降，幸福不可能一蹴而就，更不可能一劳永逸。幸福是态度、是能力、是创造，幸福与相貌、与智商、与地位、与金钱无关。我们应该试图建立幸福圈，去影响别人，给别人带来幸福的同时，也让自己更加的快乐。这就是幸福圈的力量：它可以释放爱的能量。

爱的法则就是快乐地付出

爱是人世间最美妙的感觉，它给了世界温暖，让人在爱中觉醒。世间众人，皆是在爱中启蒙。"我给你们的新命令就是——彼此爱护。"邬斯宾斯基在《第三工具》中说："爱无处不在，"它为人们开启通往第四空间——"完美国度"的大门。真正的爱是无私无畏，它的释放会让人付出所有的情感，也不要求任何回报，只要付出爱，就会感到快乐和愉悦。爱是上帝慈悲的显现，是宇宙最强大的力量，它的美妙就在于它的无私，不求回报，是人与人之间最纯洁的感情。爱无处不在，它的纯洁、无私的爱会相互吸引着许多人，无须寻觅求索。不懂得爱的人无论如何也不会找到真爱所在。爱是相互的，无私的，爱是付出。只想享受别人付出的爱而不懂得爱别人的人是不会拥有真爱的。没有人不知道真爱的含义。在情感上，人类自私、专制甚至恐惧，有些人常常怕失去所爱，但却不知道，爱都是自己争取的，爱的法则就是快乐地付出，你付出了爱，也会收获爱。嫉妒是爱最大的敌人，因为它会让一个人思维混乱，做出移情别恋的事情。如果不消除，这些恐慌可能会成为事实。

曾有一位伤心欲绝的女士来找我的朋友，她对朋友说，她的心上人另觅新欢，而且根本没想过要和她结为夫妇。嫉妒和怨恨让她已经丧失理智，满心都是嫉妒和憎恨，她狠狠诅咒这个伤害了她的人。然后说："我爱他这么深，他为什么要离我而去？"我朋友回答说："他不爱你了。"我说："不付出就没有回报。付出真爱才会收获真爱。通过付出不断完善自己的爱吧。给他一份真挚无私的真爱，而不要苛求回报，不要刻薄怨恨，不管他心归何属都要诚挚祝福他。"

她答道："不，除非知道他为什么不爱我了，否则我不会祝福他的。""你这不算真爱，"我朋友说道，"当你付出真爱，真爱自然会眷顾于你，不管是对他还是对别人。"

几个月过去了，情况虽然没有好转，但她的心态却在改变。朋友对她说："当你不再因为他而陷入无情的困境当中，你就解脱了，因为一切都是源于自己的心态。"然后我讲了一对印度兄弟的故事。这是一对非常奇怪的兄弟，他们从来不用"早上好"问候别人，而用"我向你内心的神灵问好"。他们不仅问候人的内在神灵，甚至问候丛林里动物的内在神灵。所以他们从未受过伤害，因为他们从生物的内心看到了上帝的影子。我说："问候那个男人的内心神灵吧，并要他说'我看到了神圣的你。上帝正借用我的双眼看你，一个按神的形象和喜好完美地创造出的人。'"不久，她发觉自己慢慢地变得心平气和并不再怨恨。她所爱的那个人是一名船长，她喜欢叫他"大盖帽"。一天，她不经意地说："不管他在哪儿，请上帝保佑大盖帽吧。"朋友回答道："这才是真爱，当你变成'完整的圆'，当你只是付出而不再苛求回报，且不再被此事困扰的时候，你或许就会得到他的爱或同等的爱。"当时我正搬家没装电话，所以几周内我们都没联系。又过了一段时间，朋友收到她的一封信，说："我们结婚了。"朋友马上给她打电话，上来就问："怎么回事？这简直是个奇迹！"她说道："一天早晨醒来时，我发现痛苦已完全消失了，内心已经不那么痛苦了，原来爱应该是无私地付出，心中不苛求回报，自然也不会那么累了。傍晚，我们再次相遇时，他向我求婚。一周后我们结婚了，他是我见过的最虔诚的人。"

真正的爱是无私的付出，这样的爱才是幸福的，因为你不苛求回报，自然不会有烦恼和失望。当你因为想得到什么才去付出爱，这样的爱就无比沉重，如果达不到你想要的标准，便会痛苦不堪。

有人说："你没有敌人，也没有朋友，人人都是你的老师。"因此，我们不应困扰于个人的感情，多体会周围人的幸福生活，潜心学习，我们要用心学习如何去爱，只要掌握了爱的法则——爱就是快乐地付出，我们就会从烦恼中得以解脱，获得幸福与自由。只要学会无私的爱，才能获得真正的爱。成长不一定要受苦，苦难只是违背神圣法则的结果。但是不受苦，人们又难以唤醒"沉睡的灵魂"。开心时，人们会变得自私，结果因循环法则自动启动，人们往往因为缺乏感恩而留下许多遗憾。

幸福源自于爱的无私

发现每个人都有一套属于自己的"幸福观"，每个人对幸福的理解都有所不同，幸福指数也有高有低，幸福指数的高低让我得到了对幸福深刻的认识和了解。幸福是有共性的，这共性就源于我们人类无私的爱。

好了，让我们共同走进幸福的海洋吧。

幸福是一杯透明的水，透明却没有味道。虽然起初味道平淡，但是在你回味幸福的时候它却比蜜还甜，那是因为幸福中包含着爱，就像是糖，当糖溶入水中的时候幸福就有了甜的味道。然而，这种幸福的味道在生活中常常被人们所忽略，但是一旦你用心品尝幸福这杯水，你就会感受到爱的甜味。

幸福来源于爱，爱来源于心里。

记得有一次我和朋友出门办事，路上见到了一个很可怜的乞丐，但是，很少有人会给他钱，每当别人给他钱的时候，他都会看着对方说"谢谢好心人"。朋友手里正好拿着两个大橙子，他看了看乞丐又看看自己手中的橙子，他走到了乞丐面前，把那两个大橙子放到了乞丐手里，乞丐看了看橙子，别说谢了，连头都没有抬起来就把橙子放在身后了，顿时这个朋友人都傻了，他皱着眉头说："可怜之人必有可恨之处……"这一路他的心情都糟透了，我都快被这些抱怨影响了，我开口问他："你为什么要把自己最喜欢的橙子给乞丐？"他说："因为我看他很可怜，我是一个有爱心的人，这是从我心里对那个乞丐无私的爱呀。"我笑了笑说："你根本没有爱，又谈何有爱心呢，因为你给他橙子时你是有目的的，你要用橙子换来谢谢和乞丐对你特别的感激，可一旦没有换回你想要的东西，你就开始抱怨和谩骂，这就是你的爱和爱心吗？"从那天起，我们的感情更好了，沟通更深了，当然快乐和幸福也在他和我的身上又增加了……

爱，可贵在无私和不求回报，幸福不仅仅在你得到爱的时候可以感受到，在你付出爱的时候你更加可以感受到幸福。

一个年幼的孩子得了胃病，吃东西很少，当地人推荐孩子吃米酒，说是可以暖胃。孩子的母亲在街口第一次去买米酒时是一位老阿姨接待了她，她说："要10块钱的，给孩子吃，他们说可以暖胃。"老阿姨爽口笑道说："吃这个对孩子胃好，买1块钱的就够了，如果吃多了反而会烧胃。"她觉得这样实在的生意人真是难得，便拿着米酒回家去了，孩子果然吃了后很舒服。女人便天天去那里给孩子买米酒吃，孩子的小脸一天天见红了，饭量也好起来。

有一天，天气非常寒冷还夹着雪花，孩子的母亲那天正好单位有事下班晚了，往回走时天已经黑了，当她走到街口的时候看见那个老阿姨正在向她招手，她很好奇的问阿姨："这么冷，天又黑了，您还没有回去吗？找我有事吗？"阿姨说："今天我的米酒卖的很快，我怕孩子吃不到，便留了一些，一直在这里等你回来。"她听了感动得热泪盈眶，赶紧掏出 5 块钱递给老阿姨说："您快回去吧，不用找了。"阿姨找回 4 元钱微笑着说："家人都劝我别干了，但是我忙了一辈子，闲不住。何况大家都喜欢吃我做的米酒，我觉得很幸福。"

这位阿姨感到幸福是因为她付出了爱，她把对顾客的爱融入到每天做的米酒里，顾客吃到米酒感觉是幸福的，他们脸上绽放的笑容也让阿姨感到幸福。如果一个人将工作作为生命的一部分，在这份工作的付出中也就收获了幸福。给予别人的是一种幸福，看到别人因你的努力而改变，而别人给予你的也是甜甜的幸福。工作着是幸福的，在工作中体验幸福，是自身与他人对幸福的传递。

幸福是一种精神，是一种无私付出的精神。

幸福对于每个人都是公平的，它不会因为贫富贵贱而对待每一个人；不会因为每个人的贫富贵贱而分配不同的幸福。有人说，幸福是一种感觉，快乐也好，悲伤也罢，你能感觉到一切喜怒哀乐就是幸福，因为这是你热爱生活的最好表现。只要内心充满无私的爱，那么幸福就会在你身边。

有一位老婆婆，无子无女，跟老伴儿相依为命，3 年前的一次意外车祸让她的老伴儿卧床不起，而她也从此失去了左脚。但老婆婆仍然和从前一样每天都会穿过两条胡同去买菜，回家还要照顾卧床的老伴儿，她现在挂的"拐杖"就是家里的小木凳，每次都将买好的菜拴在木凳的横杆上，然后三步一停地在回家的路上走着。3 年来，无论刮风下雨、还是酷热难耐，老婆婆都一如既往，从未间断过一天……

在老伴儿出车祸之前，老婆婆也曾和他十指紧扣、相互搀扶，漫步在大街上。"执子之手，与子偕老。"用到这里最恰当不过了。虽然她再也不能与老伴儿并肩站立，但在老婆婆眼里只要老伴儿还在身边，便有一种极温暖极踏实的感觉在心头涌动，所有灿烂或不灿烂的日子都变得崭新而明媚。

当你风烛残年的时候，你躺在摇椅上慢慢回味你所走过的路程，只要自己一直都努力着、付出着、创造着，无论结果是悲伤或是喜悦，成功或是失败，那时，对你来说都是体会着一生的幸福，你脸上可以展现的微笑正在告诉你幸福是一种感觉。正如时间一样，它不会留下痕迹，只是在你的心里写下了一道道亮丽的风景，是对我们心灵的一种感悟。

爱，把现实与幸福的距离填上

所谓的幸福是什么？其实，所有人的幸福是不一样的，幸福也不是可以用某种东西来衡量的。如果非要定义幸福，那就是人们的生活、物质、工作和学习，更包括亲情、友情和爱情都得到了一定的满足。或是说幸福就是无忧虑，从而使人产生一种快乐的感觉。

有人说，幸福与现实是有距离的。那么，爱就是填补这个距离的东西。或者说无忧无虑使人产生的快乐是一种感觉，也可以说，幸福是单一的、独一无二的。幸福如花，生命盛开又凋落；幸福如茶，浸泡的滋味甘苦自知；幸福如歌，迂回百转的人生起伏变迁。当生命中遇到爱时，心中就会充满了无比温情，心中的情窦片片，玫瑰花开。当人生被爱牵住时，绕指的温柔许诺了一辈子的深情。证明今生最爱，心中充满爱，就会让最美妙瑰丽的青春陪伴终身的幸福。

幸福是一种感觉、一种境界、一种氛围，难以说得清，道得明，更不需要去请教别人。因为即便你翻遍所有的人生，每个人都有每个人的幸福，即使你问遍所有人，也难以找到自己满意的答案。要想得到幸福，就必须学会爱，爱让你的爱情幸福与否，只有你自己知道，被人看出的幸福，或许只是在爱情生活中一段必要的插曲，浅显而缺少永恒的价值。永恒的幸福早已深入骨血，爱会成为一种力量，填补爱与现实间的距离，无时不支撑着你的人生。

有能力成就非凡人生的人，不一定能拥有终生的幸福。因为这种幸福不仅仅和个人的智慧与汗水有关，更关键是在于一个人是否具有爱的能力。关键在于是否寻找到与你对应的另一半。在真正的爱情里，理解与默契是一种幸福，别离与牵挂也是一种幸福，既使是那些难言的无奈与凄苦，也总是闪烁着幸福的光辉。但就是这种爱，让幸福离你越来越近。

爱情，总是给人带来两种截然相反的体验——幸福或痛苦，二者虽表现方式有异，却紧紧相连，使爱情跌宕起伏，让幸福变得充实而意味悠远。

凡是拥有幸福的人，总能具有正视痛苦、深埋痛苦、拥抱痛苦、宣泄痛苦的勇气，因为有爱的支持，即使经历痛苦，幸福也不是那么遥不可及，只是对幸福的一种考验。拥有爱的人，具有在痛苦中不消沉、不萎靡的度量；具有在痛苦中寻找、提炼幸福的能力。当你爱着的时候，你就要懂得爱：正视痛苦是一种爱的修养，深埋痛苦是一种爱的坚忍，宣泄痛苦是一种爱的坦荡，拥抱痛苦是一种爱的执著，正是爱的这些力量，促使你的幸福能够常伴身边。

虽然爱的痛苦不可避免，却总是自始至终地包含在爱的幸福之中，那么，在你的爱情生活中，幸福总是迟迟不肯降临，那么，可能是因为你还爱得不够，不够填补幸福与现实的距离。如果幸福和痛苦得都不够，那是因为你爱得还不够。虽然爱情带来的痛苦是深刻的，但是爱情带来的幸福，也会比其他事物带来的幸福深刻千万倍。所以，修炼你的爱吧，它能让你与幸福越来越接近。

当诚心相拥的时刻里总是抱紧自己的手臂，生怕情缘会像秋后的树叶枯了落了，生怕冬天风化的积雪会在来年袭上眉宇，盼望着温暖驻足成永恒。愿没有容颜变苍老，没有世事误会烦扰，琴瑟和鸣地度过淡泊的日子。所谓相守一生是一辈子的幸福，但短暂刻骨的相爱也是一辈子的幸福，无论长短，懂爱且爱过就是拥有过一辈子的幸福，至少要去珍惜这一切。有朋友问我，爱一个人是什么感觉，我顿时无语，不知道怎么去定义，也无法去准确地诠释。仔细想想，爱一个人，好像没有严格的定义，爱就是一种感觉，看不见也摸不着的幸福……

爱一个人，应该是独自走在路上，却不经意去想象她就在旁边的样子，想象挽着她的手一起逛街，一起散步，一起做很多事。爱一个人，应该是不管何时何地，只要手机响起就会紧张，以为是她的短信或是电话，有激动、猜测、但更多的是期盼，在确认不是她以后，会松一口气，但却有无尽的失望、失落。爱一个人，应该是每看到一部爱情剧就会把两个人想成男女主角，想象两个人一起出演一幕幕感天动地的醉人画面。爱一个人，应该是每天都把她曾经说过的话回味一遍，然后一个人傻笑，爱一个人，应该是只想知道她每天过得好不好，有没有什么烦心事，却不愿意让自己的事给她带去烦恼。爱一个人，应该是每次打电话都在笑，很温柔地应承她的叮嘱，哪怕已经说了很多遍。爱一个人，应该是一有空闲就在想她在做什么，是在上班、休息，还是"她有没有想我?"爱一个人，应该是担心她吃不好，睡不好，总怕她累着，怕她生病，身体不好。爱一个人，应该是到一个地方玩的时候就会想象如果她也在的话，她会怎么做，那个时候又会是多么幸福。爱一个人，应该会因为一整天没有她的任何消息而生气或是担心。爱一个人，应该是哪怕距离隔得远，却仍感觉彼此靠得很近，因为我们在同一片星空下，我们沐浴着相同的阳光，我们呼吸着一样的空气，我们靠着思念温暖自己，以此过活；爱一个人，应该会变得细腻、温柔、安静、大度；爱一个人，虽有万千种非同寻常的表现，但只有一种，那就是甜蜜、幸福的感觉……

幸福是爱的相互作用

我们都知道，自然界中有太多的美妙，太多的神奇。自然界中力的作用是相互的，你推墙一个力，它也必然还你一个力。我们情感的世界又何尝不是这样？人与人的情感也是相互的。在大部分情况下，你对别人好，别人也会对你好；你对别人付出感情，也必然会得到相应的回报。爱是人类感情的最高境界，爱的力量是伟大的，它使我们有勇气、有信心、有支撑地面对纷繁复杂的世界，你爱别人，也渴望得到别人的爱，其实，爱的作用也是相互的。

真正的爱不是用言语可以表达的，是发自内心的，不是语言就足以表达的。爱上一个人你的整颗心都会被你爱的人所吸引，为他（她）着迷，为他（她）牵挂，但愿每一分钟都可以见到他（她），见不到的时候时时刻刻都会想着他（她），见到的时候你会兴奋，心跳加快，在一起的时候你会感觉很温暖、很安全；真正的爱一个人会心甘情愿地照顾他（她）、关怀他（她），给予他（她）想要的一切，看着你爱的人开心你也会跟着开心，看到他（她）烦恼你也会跟着烦恼，但你会想尽一切办法使你爱的人开心快乐；真正的爱一个人会想和他（她）共同到老，与他（她）相濡以沫，愿意为她付出，随她的喜乐而喜乐，为她的忧愁而忧愁。你全身心的付出，你会期待用你的全部爱心来带给他（她）最大的幸福，而你也在这种过程中得到了另一种幸福！这就是爱的相互作用。你时常想到他（她）就开心，很介意他（她），很在乎他（她），没有他（她）好像失去了什么，有了他（她）就拥有了快乐！感觉彼此为对方带来了不可言喻的幸福，正是因为双方对爱的付出，让彼此的爱温暖对方的心灵，才会无时无刻不感到幸福。所以，幸福是爱的相互作用，只有一方的爱是构不成幸福的。幸福是两颗心的惺惺相惜、是两个人的患难与共，只有双方的爱相互支撑才能让幸福之花维持得更长久。

古龙的小说《多情剑客无情剑》中有一段很耐人寻味的话：也许她一直都在爱着他，只不过因为他爱她爱得太深了，所以才会令她觉得无所谓。爱她爱得若没有那么深，说不定反而会更爱他。这就是人性的弱点，人性的矛盾。所以聪明的男人就算爱极了一个女人，也只是藏在心里，绝不会将他的爱全部表现出来。人就是这样，付出的感情多的那方往往得不到对方的重视，长期的付出或许会被当做理所当然或是俨然成为一种习惯。这是人性的弱点，也是人的矛盾之处。人性还是贪婪的，总是得陇望蜀，朝秦暮楚，以为得到一个便又企望着下一个，总以为下一个才是最好的。究其原因，因为一方太过在乎而付出太多，另一方则爱的相对较少，这样，爱的力量就失去了平衡，一方的辛苦换来另一方的满不在乎，又何来幸福可言呢？爱是相互作用的，一方的爱太多，一方的爱太少，必然失去了平衡。

幸福的感觉是自己争取的，幸福是来自相互平衡的爱。爱得太深无法自拔，往往为情所困，看见别人的幸福只能心中一阵酸痛。幸福来源于爱的相互作用，两个人在感情中找到了平衡点时，幸福之意便会越来越浓。这样的人其实是非常愚蠢的，看到只是外在拥有罢了。其实一个人爱上另一个人，往往缘于初时的那份感动，尤其是女人，女人心中所爱的永远是那个曾经对自己痴情专一、呵护倍至的男人，当那个男人变了女人虽为此痛苦，但心中的那份爱意也会随之转淡，只是有些女人尽管如此，依然会选择宽容地对待。这或许是出于一种习惯的依赖，也或许是处于弱势之故，而与真正的爱情无关。

幸福就是送人玫瑰，手有余香

什么是幸福？幸福就是送人玫瑰，手有余香。这是一条让人间充满爱和希望的路，是我们应该执著追求，坚持走下去的一条路，我们会在坚持中感受到人生的快乐和幸福！

在我们的生活中，我们总会遇到这样的好人，他们给别人以真诚的帮助和扶持，而自己也从中得到慰藉，心中充满快乐和阳光。我想，这样的人是幸福的，于人于己，他们这样做都是值得的。

曾在公交车上见过这样一幕。一位中年男人上车后翻遍口袋也没有找到零钱，司机用非常恶劣的态度催促他："没钱就下车！早干嘛去了！"这已经是晚上八九点钟，公交车也是等了好久才来了一趟，下车就不一定能再等上公交了。中年男人尴尬地说："现在确实找不出来了，要不到站了我再拿给你。"司机依旧不依不挠地说着难听的话，车上的乘客虽然有些看不惯，却不好说什么。这时，一位老太太从口袋里拿出1元钱给了中年男人，说："先投进去吧。"中年男人有些不好意思，推诿几番，扭不过老人，就接过去投了进去，这下，司机停止了抱怨，车上人赞许的目光都投在老太太身上，老太太依然保持着和善的笑容。只是1元钱，说实话，我们谁都不会说特别在乎那1块钱，但愿意在别人困难之时拿出1元钱的又有多少呢？1元钱，平息了司机的愤怒，中年男人的尴尬，而且老太太心中想必此时是幸福的，因为她觉得她花这1元钱是值得的，帮助了别人，内心也会无比快乐。

我们是否想过，我们很少感到幸福，是不是因为自己太过吝啬？有时只是举手之劳便可救别人于危难，我们或许怀着多一事不如少一事的态度不肯出手帮忙，却也因此错失了得到幸福的机会。帮助别人的时候，自己内心不但会得到满足，或许也正是在为自己以后埋藏一个种子，总有一天，你会尝到丰收的硕果。幸福并非那么遥不可及，是我们每个人只要迈出小小的一步就能得到的东西。

送人玫瑰，手有余香。需要我们在生活中用心体验这句话的深刻与博大的意蕴。

善待生活就是善待生命，善待别人就是善待自己。当我们在生活中播撒爱心，也会使温暖与感动长存心间。如果每个人都能心怀善良、心怀感激，都能无私地帮助别人，那么阳光将洒满内心，幸福也会随之降临。

俗话说："花无百日红，人无千日好。"生活是现实的，我们自己也总有遇到困难需要帮助的时候，你曾不计回报地帮助过别人，别人也会在你危难之时伸出援手。幸福不仅仅是索取，幸福是相互的，你给了别人幸福，自己也会感到幸福。我们要收获幸福，就要有赠人玫瑰的大方，付出的过程也是收获的过程。

第三章　心有多宽，幸福就有多长
——幸福是心灵的自由度

幸福不在外，而在自己的内心

美国钢铁大王卡内基说："一个人对自己的内心有完全支配能力的人，对他自己有权获得的任何东西也会有支配能力。"把握好自己的内心，用积极的心态去面对生活中的各种问题，那么我们就开始成功了。

一个人只有用积极的心态去对待自己，他的生命价值才会随之得到更好的展现和升华。一个人能不能获得幸福关键在于自己的心态。积极的心态并非天生就能拥有，而是需要经过后天的培养、坚持、保护和强化。这就需要我们调整自己的心态，说服自己尽量用积极的心态面对人生。

美国著名心理学家马斯洛说过："心态若改变，态度跟着改变；态度改变，习惯跟着改变；习惯改变，性格跟着改变；性格改变，人生就跟着改变。"由此可见心态的重要性。保持积极心态的人，会时时刻刻寻找机遇，即使事情不是那么尽如人意，他们依然可以调整自己的心态，将遇到的困难转化成一次积累经验的过程。积极的心态会让你的行动变得积极，积极的思维让你的天地更加开阔。

人生在世难免会遭遇挫折、经历失败，这些事情来临的时候你无法阻止，如果想要生活得幸福，就需要持有积极的心态，并将这种心态转化为不屈不挠的进取心。对于拥有积极心态的人，挫折与失败不过是为他们的人生加以装饰。失败的经历往往会成为宝贵的财富，成为下一次前进的动力。这就在于我们如何去看待这个问题。

一位著名的网球运动员曾说过这样的话："不知怎么，在我们心中输的感觉总比赢得感觉更强烈。"而有的人会被失败打击得抬不起头，这就是心态的区别。幸福不幸福，在于自己的内心怎样去看待。心态积极的人认为他是幸运的，上天给他的历练不过是想让他变得更加优秀，心态消极的人却认为这是上天对他的不公，自己却不愿付出、不愿争取。

态度决定成败，抱着积极的态度面对人生，人生也会为你开启多条光明大道。幸福不是在于你拥有了多少外在的物质，而在于你是否能把握好自己的内心。突破内心的障碍，做起事来就会更加得心应手，让内心的曙光冲破各种阻碍，这样才能使自己离幸福更加接近。

拥有一个感受幸福的心灵

关于幸福，不同的人有不同的感受。有的人善于发现生活中的美好，那么，他对幸福就会比常人多些感悟，常常也会觉得更幸福。幸福无处不在，只是需要一个善于发现幸福的心灵。

每个人都在追逐幸福，总觉得幸福对我们来说是可望而不可即的，总觉得幸福只是少数的幸运儿才拥有的。有人为了追逐所谓的幸福尝尽人生的悲喜和哀愁，却没有找到自己想要的幸福。在如今金钱至上的风气影响下，很多人越来越重视对金钱的追求和对外物的占有，他们认为那就是他们想要的幸福。有些人总以为所谓幸福就是事业有成，婚姻美满，生活小康，就是拥有更多的金钱、拥有别人仰慕的社会地位。

殊不知，这样的幸福并不是真正的幸福，真正的幸福是要用心去感受的。拥有了名利和金钱不一定会幸福，因为会担心有一天失去了这些就失去了幸福，这些物质上的东西只会给人们带来物质上的满足，却不能满足人们内心深处对幸福的渴望。

罗曼·罗兰曾经说过："一个人幸福与否，决不依据获得了或失去了什么，而只能在于自身感觉怎样，幸福是伴着汗水和泪水的那只鸟，它不喜欢喧嚣浮华，常常在暗淡中降临。"想要拥有幸福，就要有一个能够感受幸福的心灵。这样的人能从生活的点点滴滴发觉幸福所在。朋友写给你的一封书信，父母的一个电话，雨中为你撑伞的人，这些都是幸福，只要内心善于发现，幸福就会无处不在。

不要总是觉得别人比自己幸福，其实只要自己善于发现，或许你会比别人拥有更多的幸福。幸福只钟情于能感受到它的人。幸福是生活中的点点滴滴，幸福无处不在，却很难把握在我们手中。幸福常常是朦胧的，很有节制地向我们喷洒甘霖。但是，只要你有一颗敏感的心灵，善于捕捉，幸福就会悄然而至。

有时候，我们绞尽脑汁、耗尽心血去追求一些高不可攀的东西，以为那就是自己的幸福所在，可是往往得不到，或者机关算尽以后，得到的却不是我们想要的，所以，培养一颗善于发现幸福的心灵，从平淡的生活中去感受幸福，那才是最真挚，最能把握的幸福。

放宽心里的预设

人生短暂，有太多的人终生在路上追逐，有太多太多的渴望，太多太多的目标，我们抱怨世界的复杂，人生的无奈，殊不知，让我们累的不是这纷繁复杂的社会，而是我们自己的心。

公园里有一位已过耄耋之年的老人，虽然满头白发，却精神矍铄。他每天都在公园里用浑厚的声音唱着自己喜爱的戏剧，有个青年不禁上去与他攀谈，青年人问："我每天见到您，您都是那么开心，是不是生活得十分惬意，没有烦恼呀？"老人笑着解释："人生在世谁无烦恼？凡事看开一点儿，不那么锱铢必较，不是会轻松很多？"老人的豁达令青年钦佩万分。

古有郑板桥说过"难得糊涂"，人生如白驹过隙，与其把烦恼压在心中令自己疲惫不堪，何不把心放宽，放下苦闷，用一颗乐观的心发现更多生活的美好？

都市生活的快节奏，学业的沉重压力，人到中年的生活重负，或许正在侵蚀你的心灵，使你内心浮躁，烦恼缠身，压得你透不过气。但是，千万不要因此而压抑自己，心理的压力如果不及时宣泄，健康就会被这些负面情绪摧毁，继而影响正常的工作与生活。这时，我们需要放宽心里的预设，让自己的心灵得到舒展。到了夜晚，给自己一个净化心灵的时间。将白天所经历的苦恼郁闷之事向朋友、家人倾诉一下，让不良情绪得到及时宣泄。把心放宽，对于人或事不那么斤斤计较，用豁达的心态缩小这些烦恼带给你的伤害，放宽心中的预设，放大生活中的美好瞬间，使自己摆脱内心的浮躁，放下追逐名利、患得患失所带来的恐慌与不安，你的生活将会迈入一种更开阔的境界，生活的幸福感也会随之提升。

把心放宽，这四个字说来简单，但做起来却并非易事。我们常常羁绊于生活中的琐碎之事，即使心中疲惫不堪，却依旧不愿放下内心的包袱，我们追逐理想，力图使物质生活更加舒适，使家人过上更优质的生活，即使自己不堪负重，仍奋身投入工作，不让自己休息片刻，忙碌地忽视了家人……殊不知，对一个幸福的家庭来说，最重要的，不是物质的丰厚，也不是住上精致而宽敞的房子，而是一家人轻松而幸福地围着饭桌美餐一顿，陪爱人做顿可口的饭菜，陪孩子玩会儿游戏，陪年迈的父母聊会儿家常。而好多人为了追逐名利，追求物质的丰富而忽视了自己最爱的人和最爱自己的人，而自己也因太多的忙碌与烦恼而疲惫不堪，为何不能做到平静地看待一切，放宽内心，去拥抱属于自己的幸福？

把心放宽，心宽路自宽。让豁达、宽容、平静、幸福装满心胸，请记住，放宽心就是放宽自己的人生路。

幸福，从心开始

在琐碎的生活中，总会有人抱怨生活得平淡无奇，日子过得索然无味，抱怨幸福总是离他们太远。他们每天浑浑噩噩地度过，当遭遇一点点挫折就会想要麻痹自己，于是在灯红酒绿中，多了些买醉的身影，麻痹了的心灵却仍走不出痛苦的境地。

其实幸福真的不在于你得到了多少，失去了多少，只是一种心态，一种用心去经营的信念，幸福是从心开始的。用心去倾听，于是在匆忙的旅途中，偶尔也会停下脚步，感悟一下内心所想，让幸福有一个酝酿的过程，从心开始，幸福才会变得更加温暖和可靠。

传说在很遥远的地方，有一个闻名遐迩的海岛——幸福岛，岛上有一座取之不尽的金山，岛上的居民都过着令人羡慕的幸福生活。

在一个小山村里，有一个勇敢的年轻人，他非常渴望过上幸福生活，于是他不顾亲友们的劝告和可能遇到的危险，离开家乡，开始寻找传说中的"幸福岛"。一路上他历经磨难和各种艰险，终于找到了幸福岛：他看到了岛上的金山，果然像传说中的一样！他开始不断地往袋子里塞大大小小的金块，直到拖不动为止。

年轻人原路返回，路途是一样的艰险，但他不但没有感到艰辛，反而心怀喜悦，带着美好的希望，一步步地接近心中幸福的目标。

终于，他历经千险把金子带回家，盖了新房，娶了老婆，实现了他以前想要但无力实现的奢华梦想，开始了他的幸福生活。可是没过多久，这种快乐、自豪、心满意足的幸福感变得越来越淡，一切都无法让他提起对生活的兴趣。他对生活的现状越来越不满意，于是他再赴幸福岛。这次他又背回了一大袋金子，重新装修房子、再起楼台，再购良马，再娶美妻……他再次找到了幸福生活的感觉，可是，这次幸福维持得比上次还要短。

万般无奈的年轻人再次回到了幸福岛，这次，他想知道是什么让岛上的居民如此幸福快乐地生活？他惊奇地发现，岛上的居民住的只是普通的房子，吃的也是粗茶淡饭，但是，每个家庭都和和睦睦，幸福快乐。年轻人向岛上的居民讲述了他的烦恼，诚恳地请教幸福的秘方。岛上的居民听了哈哈大笑："幸福就在你心中啊，为什么还要到处寻找？"

年轻人愣了半晌，才翻然醒悟：幸福并不是拥有多少物质，而是一种感悟幸福的心态。

在现实生活中，又有多少人能够领悟？用物质换来的幸福感都是有"保鲜期"的，过了新鲜的尽头，物质还是那物质，"幸福"却早已无影无踪。所以，幸福是需要用心感受的，物质换来的幸福是短暂的，只有用心感受的幸福才会永远新鲜。

修炼内心才能达到幸福的彼岸

幸福其实有很多种实现途径，不过最根本的还是在于自己的内心。因为自己的幸福只能自己把握，把握幸福的关键就在于内心有怎样的潜质。内心的修炼是一个艰难而漫长的过程，在这个过程中不是每个人都那么顺利，都能很快地涤荡心灵，找回纯真的本心。

一个人在面对理想与现实产生的差距时不应心存抱怨，而要勇于承受一切，豁达面对。只要抛开妄想与执著，一切的烦恼皆无由生起，一切的烦恼都产生于虚妄！正如佛家讲的，一切随缘，顺应自然，任何事不要外求而内修。内修就是提高自己内心的感悟能力。可是如何去修呢？佛家说"众生皆苦"，抛开"贪、嗔、痴""因果报应"等，就能慢慢净化心灵。这样说是因为一个人只有内心清净，摒除权势、名利之心，才能用一颗澄净的心去体会幸福。

要想获得真正意义上的超脱，达到内心修炼的最高境界，就要走出自我封闭的枷锁。学会挣脱内心的牢笼，不要让自己的心被功名利禄牵绊而错过了得到幸福的机会。

自己是内心的主人，所有的人生境界都是由自己的心造成的。一个人内心的想法决定了人的表现。因此，要修炼自己的内心，就必须做到心无旁骛，坦然处世，放下对一些事物的偏见，让自己的心保持平静。

我们每天接触世俗的事物，内心难免会被诱惑，要保持一颗平常心，以自然的心态面对周围的一切，就能感知生命的真滋味。能征服精神的人，强过能攻战城池的人。的确，当你能控制自己的内心，控制自己的情绪，试着改变自己的内心状态，你就是在完善自己的内在，慢慢地接近幸福。

人只要内心装着世俗的东西，就可以被人洞察。只有心外无物，超然处之，才能达到真正的豁达境界。心外无物，才能摒除一切杂念，才能用心去体会幸福。

当然，生活中还有许多有形或无形的因素在干扰着我们，比如身体、心理、外界等等，这些都可能导致我们的心绪不宁，徒生烦恼。如能学会控制自己的内心情绪，这样才能让幸福留存在心中好好品味。

我们要及时卸掉内心的包袱，用坦然的心态看待一切，有了这样轻松而澄明的心境，才能更好地感悟幸福。

心有多宽，幸福就有多长

心有多宽，就决定着一个人心中所能承受的东西有多少，也是决定他能否生活得幸福的重要因素。人生不如意之事十有八九，当我们遇到烦心事时，心宽的人就会觉得这个事并非难以接受，而心量小的人自会将烦恼放大。心量小的人，心中容不得、装不下太多的不顺心，常常会因此而斤斤计较，生活自然会觉得不那么尽如人意。古今有成就之人，往往是心量宽广的人，因为他们不会拘泥于小事而错过做大事的机遇。那些古圣大德，都为人类做出了榜样，为后世留下了丰富的财富。

其实，我们每个人一生中总会遇到不少痛苦，如果都将它们积聚在心里，那一个人的内心会是多么的沉重啊。遇事放宽心，那些痛苦和烦心事自然会渐渐淡化。如果你忽视它们，它们只会在你内心深处无地自容，如果你不断地放大苦恼，那就只能让它不断侵蚀你的内心，慢慢失去斗志，拘泥于小事而错过了更多机会。

心胸宽广的人往往会取得常人不可及的成就。一个人的心量有多大，他的成就就有多大。他们不会为了蝇头小利、一己之私去争权夺利，也不会因此而存报复之心和嫉妒之念，心境澄明，内心自然不会那么累。所谓心胸广阔天地宽。当我们拥有海纳百川的气质，有宠辱不惊的心态，无论荣辱悲喜、成败冷暖，只要放宽心态，自然能做到风雨不惊。

如果说生命中的痛苦是无法自控的，要遭遇的苦难是不可避免的，我们不能改变世界，那么我们唯有拓宽自己的心量，坦然接受世界的赐予，用自身的能动性去改变现实，这样，才能获得人生的愉悦。我们可以通过内心的调整去适应、去承受必须经历的苦难，在体味苦难中磨练自己的心境。再多的挫折苦难只当做是磨练自己心智的利器，从忍耐中慢慢放大自己的内心，学会感悟苦难带给我们的成长。

一个人的心量是有弹性的，我们慢慢去放大它，它所能面对和接受的东西就会越来越多。如果我们在遇到困难时只是封锁内心，拘泥于苦难带来的伤痛，那只会使我们的心量越来越小。如果一个人活得锱铢必较，那么他的内心肯定容不下太多的事情，只会把自己局限在一个很小的空间里。这种处世心态，既轻薄了自身的能力，又轻薄了自己的品格，在旁人看来是难成大事的。

心量的大小取决于自己愿不愿意敞开。一念之差，心的格局便不一样，便会决定日后你的成就如何。心宽路自远，心宽的人幸福的路自长。

吃点小亏，会成为幸福的催化剂

俗话说："吃亏是福。""吃小亏，赢大利"，有的人凡事都要占得三分便宜，吃不得一点儿小亏。殊不知，看似是不吃亏时，说不定是吃了大亏。

有时候，吃亏并不代表会损失什么重要的东西，反而会在恰当的时机，成为幸福的催化剂，原先所吃的小亏不但不会给你带来太大损失，说不定还会有所收获。

东汉时期，有一个名叫甄宇的太学博士。他为人忠厚，学识渊博，遇事谦让，在朝中颇有人缘，与上下同僚都相处得很好。

有一次，外番进贡来一群活羊，光武帝准备将这些活羊赐发给在朝的官吏每人一只。这群羊大小不一，肥瘦不均，负责分羊的官吏十分犯愁，如何分才能使所有大臣都满意？这时，大臣们纷纷献计献策。

有人说："把羊全部杀掉吧，然后肥瘦搭配，人均一份。"

也有人说："干脆抓阄分羊，好不好全凭运气。"

也有的人说："应按官职大小、贡献多少分。"而贡献多少也不是一时能比个高下的。

大家七嘴八舌地争论不休，这时，甄宇站出来了，淡定地说："分只羊其实很简单。依我看，大家随便牵一只羊走不就可以了吗？"说着，他就牵了一只最瘦小的羊走了。

群臣看着甄宇牵了最瘦小的羊，大家都议论纷纷，但谁也不好意思专挑最肥的羊。于是，大家都学甄宇，捡最小的羊牵。不一会儿，大家把羊都牵走了，分羊的官吏轻松地完成了任务，而且每个人都没有怨言。

后来大家对这件事情议论纷纷，消息很快传播开来，洛阳城里的人无人不知道甄宇分羊的事迹，大家都尊称他为"瘦羊博士"。很多人被他的高风亮节折服，四处赞扬他，后来，这件事传到了光武帝那里，光武帝很想见见这个宁愿吃亏的"瘦羊博士"。后来，甄宇得到了光武帝的赏识，他在群臣的推举下，被朝廷提拔了。

如果单从分羊这件事上来看，甄宇是吃了小亏，但经此一事，他的遇事谦让的品格得到了传扬，不仅得到了群臣的拥戴，还大受光武帝的重用。可谓吃小亏而得福。

真正聪明的人往往懂得从吃亏中学到智慧，如果我们真正懂得吃亏的利害关系，那么，我们一定能在"吃亏"中获得不少"福分"。

有人说"吃亏"是一种非常愚蠢的行为，聪明的人能轻巧地避免吃亏。可是，太多的精明有时反而会吃大亏，所谓聪明反被聪明误说的就是这个道理。很多时候，吃一些"亏"只不过是事情的表象而已，但从另一个角度来看，说不定反而成为获得福气的根源。有时候，一件看似很吃亏的事，往往会变成对你非常有利的事。

吃亏其实是一种幸福的催化剂，如果我们能够平心静气地对待吃亏，表现自己的度量，给了别人好处，自己也因此取得了别人的信任和尊敬。

所谓有付出就有回报，我们不应拘泥于小事而缩小了内心的空隙。如果过于斤斤计较，往往会被别人觉得你不够大度，或许更会因此失去很多机会。要从长远的角度思考问题，知道吃亏就是福，能吃亏的人往往能收获更多幸福！

幸福就在懂得放手的那一刻

智者说，以恨对恨，恨永远存在，以爱对恨，恨自然消失。当我们面对生活中的一些伤害时，不要在心里产生报复的想法，更不要采取报复的手段，心胸要开阔，争取用宽容化解一切怨恨，让所有人都能生存在宽容的阳光下。

人生在世，一定会在乎某些东西。于是，对于曾经伤害过你的人，你就希望去用几倍的伤害还给他们。在心理得以平衡之后，有一天你又被伤害，你又开始报复。周而复始，你终日被报复充斥，整个人就成了报复的囚徒，失去了信仰，空虚了精神，忘记了理想，可惜了美德，最后留下来的只有伤害。当我们恨自己的仇人时，这种恨就化成了仇人们的力量，因为恨，会让我们寝食难安、魂不守舍、心烦意乱，最终有可能导致疾病和死亡。这样看来，报复不仅让我们无法实现对别人的打击，反倒是对自己的内心的一种摧残。

在古希腊神话传说中，有一位叫海格里斯的大英雄。一天，他走在坎坷不平的山路上，发现脚边有个袋子似的东西很碍脚，他踩了那东西一脚，谁知那东西不但没有被踩破，反而膨胀起来，加倍地扩大着。海格里斯恼羞成怒，操起一条碗口粗的木棒砸它，那东西竟然越长越大，最后长到把路都堵死了。

正在海格里斯无能为力的时候，从山中走出一位智者，他对海格里斯说："朋友，快别动它，忘了它，离它远去吧！它叫仇恨袋，你不侵犯它，它便小如当初；你侵犯它，它就会膨胀起来，挡住你的路，与你敌对到底！"

茫茫人世间，我们不免会与其他人产生误会、摩擦，如果轻易地就开始了仇恨，那么，仇恨袋便会在你身边悄悄成长，让你的心灵背负报复的重担而无法获得自由。报复会把一个好端端的人驱向疯狂的边缘，使你的心灵得不到片刻安宁。

有一位好莱坞女演员，她因失恋心中充满了怨恨，报复心使她的面孔变得僵硬而多皱，她找到了一位很有名气的化妆师，希望化妆师能够帮助她恢复美丽。而这位化妆师深知她的心理状态，告诉她："如果你不消除心中的怨和恨，我敢说全世界任何美容师也无法美化你的容貌。"

圣人说："怀着爱心吃菜，也要比怀着怨恨吃牛肉好得多。"如果我们的仇人知道对他的怨恨使我们精疲力竭，使我们紧张不安，使我们的外表和内心受到伤害，甚至使我们折寿的时候，他们不是会更高兴吗？

即使，不能爱上仇人，至少要爱自己。使仇人不再控制我们的快乐、我们的健康和我们的外表。就如莎士比亚所说的："不要因为你的敌人而燃起一把怒火，让心中的烈焰烧伤自己。"

要想生活中永远充满安静和欢乐，就不要去尝试报复别人。如果沉迷于报复这件事，受到伤害的只能是自己。不要浪费时间去做那些毫无意义的报复，更不要让自己的内心因为报复而更加痛苦。幸福就是放下，幸福就是让自己过得更好。

放开自己，不纠结于已失去的事物

人生坎坷，很少有人能完美地度过一生。失去或者得到都是人生中的常事，关键是有多少人能正确看待人生中的得与失。我们因错过人生中一些极美、极珍贵的东西，而痛苦不堪，沉浸在失去的痛苦中不能自拔，我们也会因为错过美好而感到遗憾和痛苦。其实喜欢一样东西不一定非要得到它，俗话说："得不到的东西永远是最好的。"最美好的东西只能远观而不可亵玩。当你为一份美好而心醉时，远远地欣赏它或许是最明智的选择。有人为了错过月亮而哭泣，却因此而错过了更多的星星。过分沉浸于失去中，你会错过很多意想不到的收获。

有一次，哈佛大学要在中国招一名学生，这名学生在校就读的所有费用都由美国政府全额提供。经过初试，有 30 名学生获得了面试资格。

10 天之后，在锦江饭店举行面试，主考官是劳伦斯·金。30 名学生及其家长早早来到饭店等候主考官劳伦斯·金，当他出现在饭店大厅时，一下子被许多学生和家长围了起来，他们用流利的英语向他问候，有的甚至还迫不及待地向他作自我介绍。这时，只有一名学生，由于起身晚了一步，没来得及围上去，等他想接近主考官时，主考官的周围已经是水泄不通了，根本没有插空而入的可能。

他错过了跟主考官接近的机会，而其他的人都在跟主考官交流，机会也会更多吧，他这样想，不禁有些懊丧起来。正在这时，他看见一个异国女人有些落寞地站在大厅一角，目光茫然地望着窗外，他想：身在异国的她是不是遇到了什么麻烦，不知自己能不能帮上忙？于是他走过去，彬彬有礼地和她打招呼，然后向她做了自我介绍，最后他问道："夫人，您有什么需要我帮助的吗？"接下来两个人聊得非常投机。

后来这名学生意外地被劳伦斯·金选中了，在参加面试的 30 名候选人中，他的成绩并不是最好的，而且面试之前他错过了跟主考官套近乎、加深自己在主考官心目中印象的最佳机会，但是他却无心插柳柳成荫，成为最幸运的那个人。原来，那位异国女子正是劳伦斯·金的夫人，虽然他错过了跟主考官接近的机会，但是因为劳伦斯·金的夫人对这位学生的印象良好，便对劳伦斯·金称赞了一番这位考生，劳伦斯·金也非常赞赏他的热心。

这个故事引人深思：原来错过了机会，收获的并不一定是遗憾，有时甚至会得到比预期更好的结果。

失去之后才会懂得珍惜，痛过了之后才会懂得如何保护自己，错过了之后才会懂得适时的坚持与放弃。在对待失去的过程中，我们慢慢地认识自己，退一步海阔天空，失去了这个，说不定有更好的在拐角处等待着你。不要懊恼，不要心急，其实生活并不需要这些无谓的执著，没有什么不能割舍的，学会放弃，生活才会更加幸福！

当你真的失去某样东西时，不要太过于执著因失去而带来的惋惜。失去的折磨会使你认清自己真正所需要的，也会带给你意想不到的收获。

第四章 立足当下，发现未知的幸福
——生命是沙漏，别让幸福随它一起流逝

幸福就是现在进行时

很多人总是说体验不到更多的幸福，很重要的一个原因就是：他们将幸福放在了舒服生活的对立面。为什么这么说呢？因为很多人都以为，人们所付出的劳动与获得的收入往往是成正比的，同样的道理，一个人如何享受生活，那同时也一定付出了很多常人无法想象的艰辛努力，才能获得这种享受生活的权利。这言外之意就是，如果一个人没有经历过奋斗的艰辛，他就不会取得成功。用一句老话说就是"要想人前显贵，就要背后受罪"。

正是因为这样的一种普遍存在的认知，很多人总是有意无意的用这种说法去"鞭策"自己，想要保证自己不会失去其他更重要的东西，诸如良好的工作热情和生活状态等。也有很多人都有另外一种想法，就是认为在人生的前半段把重要的事情做完之后，剩余的人生就会变得很幸福了。然而，当一个人把他自以为需要的事都做完了之后，他也未必会是幸福的。除此之外，他还要时时刻刻承受来自"成功"的压力。要知道，压力可是一把双刃剑，一方面可以铸就一个人的成功，但它也可以摧毁一个人的幸福感。

某生物研究所曾经进行过一个很有意思的试验。实验室的工作人员用很多铁圈将一个小南瓜整个箍住，借此去观察南瓜在逐渐长大的时候，会对这个铁圈产生多大的压力。他们预估南瓜最多能够承受大约 500 磅的压力。可是，当第一个月过去的时候，南瓜就已经承受了 500 磅的压力；实验进行到了第二个月时，南瓜已经承受了超过 1000 磅的压力；当它承受到大概 2000 磅的压力时，研究人员必须对铁圈加固，才避免了南瓜将铁圈撑开。整个南瓜承受了 5000 磅的压力后瓜皮才产生破裂，然后实验就此结束。当人们打开这个南瓜后，发现它已经无法再食用了，因为南瓜的里面长满了坚韧牢固的纤维，因为它试图想要突破禁锢它的铁圈。为了吸收充分的养分，以便于突破限制它成长的铁圈，它的根部甚至延展超过 2.4 米，所有的根向不同的方向全方位地伸展，这个南瓜独自就控制了整个花园的土壤和资源。

在承受压力方面，人跟南瓜一样，所能承受的压力也是固定的，在生长的过程中，过多的束缚会使得它感到很不好受。但如果接受的压力合适的话，那么这个南瓜一样会生长得很好；而如果给这个南瓜施加的压力过大的话，那么这个南瓜即便是长成了也同样没有任何价值。

在现实生活中，人不可能完全没有压力。一个人有点压力是很正常的事情，并不是没有压力的生活才是幸福的生活，也不是把一切都得到了就是幸福。其实，幸福不是将来时，而是现在进行时。珍惜好现在吧，最起码在失去之后就不会后悔。

善待每一天，才会幸福一生

幸福的生活是自己争取的，生活就像一面镜子。你对它笑，它就对你笑；你对它哭，它也对你哭。只有善待生活中的每一天，生活才会让你幸福一生。正所谓：物随心转，境由人造。

其实，生活的样子取决于你怎样对待生活。如果你总是烦事缠身、整日愁眉苦脸，生活就会黯淡无光；如果你总是心怀美好，善待每一天，生活就会阳光灿烂。你如果内心向往成功，成功就会向你靠近；你若总是沉浸在失败中，那么失败就会随你而来。

柏拉图曾经说过："决定一个人心情的，不在于环境，而在于心境。"正所谓："心中有绿意，满目皆是春。"只要你心中充满美好，对每一天都抱着美好的希望，那么生活就会常与幸福相伴。

要学会自信而勇敢地面对生活中的每一天。生活是美好的还是暗淡的，这取决于你对生活有没有自信。如果心里一直想着做不成某件事，这件事便永远没有完成之日；要是一开始就坚信这件事必成，那么，你已经成功了一半。有一位哲学家说过，"一个人把自己想象成什么，他就会成为什么"。只有每天想象着自己生活在幸福之中，你的生活才会充满阳光；每天上班时，享受着工作带来的愉悦和乐趣，才会认真工作，做出成绩。

每个人都要在生活中做一个真实的我，真诚地对待生活，生活才会善待你。是金子就会发光，不要埋藏在泥土中；是百灵，就要歌唱。好好做好真实的我，用心经历生命中的每一天，你善待了你的生活，生活才会赋予你幸福。当然，生活中不可能时时刻刻充满美好，也并非所有的愿望都能实现，所有的付出都有回报，所有的期待都能出现，所有的努力都能成功。当达不到生活的目标时，不要悲观，不要失望，不管是好是坏，都是你自己的生活，都要用心去对待，用心去经历。其实，生活就是一个不断挖掘的过程。你善待生活，生活也同样会善待你。我坚信，最重要的是乐在其中。因为人生的结果都是一样的。享受整个过程，才是真谛。

记得有一位名人说过："做每一件事情，都给它一个快乐的思想，就像把一盏盏灯点亮。"人生在世，短短数十载，要以智慧、乐观的心态对待一切，不要沉溺在悲观和失落中。善于从失败的教训中获得做人的勇气；也要学会从成功的经验中获得做事的信心。认真对待生活中的每一天，让自己用豁达的态度对待人生中遭遇的美好或是不快。这种自我平衡的心态，足以支撑一个人乐观智慧地面对这个世界。就像罗丹说的一样，生活不是缺少美，而是缺少发现美的眼睛。同样的道理，生活中并不是缺少幸福，而是缺乏一颗善待生活的心，缺乏一颗感悟幸福的心。

让遗忘带给你幸福的阳光

有没有想过，如果人的头脑就像电脑那样，那是不是里面也会有病毒的存在呢？或者在系统不好用的时候，我们可不可以重装系统，让一切重新开始呢？但是，人的大脑肯定不能像电脑那样，把所有东西都重装，因为人有七情六欲，不可能如电脑那样输入数字就能理解运算，而不受情感的迷惑。不过，正因为我们是人，每个人都有着深及心底的记忆，即便那个人是个患有失忆症的患者，也都有可能有记忆恢复的可能。

如果我们能忘记所有的悲伤与苦痛，那该多好呢？是否生命中的一切就会十分美好呢？天，依旧蓝；星空，依旧迷人；宇宙依然运转着。不同的是我们可以只拥抱快乐，可以不用眷恋着所有的悲与苦。不过，如果真有这样的权利，我们的生命是否可以过得更好呢？

没有人喜欢苦与悲，但它确实在生活中存在着。因为喜怒哀乐，是我们生下来就拥有的情绪。因为我们可以表达，因为我们可以感受，因为我们可以发泄，所以，我们的生命才是完整的。

有些事，明明很难忘，却刻意地将它遗忘，那不是随时间的消逝而变得平淡，而是脑海里自然的排它反应。在医疗自己的时候，"选择性遗忘"是医疗自己的最佳方法。但是，过去的回忆，绝对不是存在着的恶梦，也不是让人踯躅不前的负担，更不是时刻打击自我的阴影。它就像黑胶片，一格一格详细记载着我们的过去和曾经拥有的故事。我们也都明了，未来是不可深知的一切，我们都无法掌握那分秒变动的一刻。当所有的人都向前走，而我们还仍然停滞不前时，这个世界还是会依然运转着。

人这辈子，只有学习着去遗忘曾经的伤痛，才能将心里的裂缝缝补起来，让心里的伤口一一长好；当心轻了些、空了些的时候，我们才能用更明亮的眼睛，用智慧之光去看待这世上的美好。

遗忘，不是让脑子变得空白，而是一种选择，一种对自己未来负责的选择，我们都清楚地明白，有舍才有得，放下与获得的替代性。倘若我们一直眷恋过往的恋人、过往的情伤，那么，我们肯定无法带着一颗完整的心，去开始下一段感情，倘若我们一直回忆起家人的责骂，家人给予的不快乐的回忆，那么，我们也永远都无法怀抱血浓于水的情感，与他们相互依偎。倘若我们一直记起朋友的背叛，朋友给我们的痛苦，那么，我们也终然无法和朋友坦然地交心，一起共享生活的美好。

亲爱的朋友们，生命，是非常美好的。为何不能把心中的大石头放下，静静地去冥想一切，恣意地享受生命的氛围呢？你有多久没有洗涤心灵了呢？你是否感到无助，感到感伤呢？那么，何不找个时间将秽物释放，将我们的心清洗干净，用美好完整的心去迎接明日晨起时的朝阳。

只有学会遗忘，才会幸福。只要把曾经拥有过的美好回忆放在心里就好了。忘掉一些痛和苦，以踏实的步伐走向前去，迎接新生活的开始，享受属于我们的幸福！

别把幸福寄托在明天

有这么一个人，当别人都在辛苦工作的时候，他却一个人窝在狭小的地下室里，吃了就睡，睡了就吃。许多朋友都对他这样的生活疑惑不解，他却跟别人说，他在买彩票，今天中不了，明天可能就中了。他还说："你们这样辛苦工作为了什么？一辈子才能挣几个钱？我说不定明天就中了头彩，到时候你们可千万别羡慕我的幸福生活！"过了一段后，医生在给他检查的时候，发现他患有孤独症，所以才闭门不出。不过，在日常生活当中，也有很多人和他一样身体健康，但思想却有病。这些人天天把"我明天一定会怎么样"挂在嘴边，好像那就是他们的伟大梦想。但实质上，却与那位孤独症患者没什么两样。

大家肯定都听过海子的那句诗吧，"从明天起，做一个幸福的人"，海子把幸福寄托在了明天，而不是从现在起开始。但明天还有明天的事，虽然明天总会来临，但是却无法预料出明天会发生什么。海子，这个用心灵歌唱的诗人，这个把幸福寄托给了空幻的明天的流浪者，最终还是失败了。

我国古代教育家孔老夫子说过："逝者如斯夫，不舍昼夜！"时光如匆匆流水，任何时候都要抓住现在。如果我们不能好好地把握住现在，而把明天当做现在懒惰的借口，那么等到回过神来的时候，就发现人生已所剩无几了，那时候只能追悔莫及。

还有一种人，他们一点儿也不懒惰，而且还很勤劳，但是就是因为他们太过于勤劳，他们以为明天的幸福全部都要靠今天的努力，所以他们一点儿也不愿意空出时间来感受生活，哪怕是吟一首小诗，写几个大大的毛笔字，或者是晒晒太阳。

撒哈拉沙漠中，有一种土灰色的沙鼠。每当旱季到来之时，这种沙鼠都会在自己的洞穴里积攒很多很多的草根，以便让接下来艰苦的日子比较好过。所以，这个时候沙鼠都会忙得不可开交，整天满嘴都是草根，往返于洞穴与沙丘之间，从早起一直到夜晚，辛苦的程度让所有人都叹为观止，就算是人类的劳模都望尘莫及。

但事实上，沙鼠根本用不着这么辛苦，一只沙鼠在旱季只能吃掉两公斤草根，但它运回来的草根多达十公斤以上，也许只有囤积才能让它们安心。最后的结局是，大部分草根都腐烂了，这些辛苦的沙鼠还要不停地将腐烂的草根清理出洞。

太勤劳的人都患了小沙鼠这样的"不安症"，在生活中，对未来感到深深的不安，终日为那些还没有到来或永远也不会到来的事物焦急忙碌，完全丧失了生活的乐趣。

19世纪法国科学家巴斯德说："我们向来不曾把握现在；不是沉湎于过去，就是殷盼着未来；不是拼命设法抓住已经如风的往事，就是觉得时光的脚步太慢，拼命设法使未来早点儿到来。我们实在太傻，竟然流连于并不属于我们的时光，而忽视唯一真正属于我们的此刻。"

《圣经》中，也有一个关于这样的小故事，讲的是以色列民族在出征埃及的最后途中，天上降下大饼，许多人舍不得当日吃尽，藏了一夜，可到了第二天，却全部霉坏而不能下口。而我国唐代著名诗人李白就不是这样，他对生活的态度，可以从他的《将进酒》中窥见一斑："人生得意须尽欢，莫使金樽空对月。"我们应该向李白学习，因为幸福就像故事中的大饼一样，应当及时享有才不会变味。

过去和未来都是虚幻的，过去是记忆支撑的，未来是想象构成的。而真正的东西和真实的快乐只会出现在现在这一刻。未来幸福与否，那是以后的事，别为了不切实际的幻想，让自己活得太累。从容地面对人生，首先是要让现在的自己幸福起来，这才是真理。

预测未来，不如享受当下

古希腊学者库里希坡斯曾说过一句话：过去与未来并不是"存在"的东西，而是"存在过"和"可能存在"的东西；唯一"存在"的，是现在。

时而听到有朋友抱怨：为什么行情总是与我背道而驰？也经常有人关切地询问：明天的市场究竟如何走？而这些，却又让我困惑：为什么我们老是为过去的事情追悔莫及，而为未来不得而知的事情惆怅呢？

一位老人曾发出过这样的感叹，"这个世界不确定的东西太多了。而用确定的东西去把握不确定性的世界，就好比赌博……"面对略显戏剧化的市场，好多人都想做个"乱世英雄"，都渴望在不确定中把握住确定的市场脉搏，通过各种途径去预测股市走向……然而又有多少人在这追逐的路途中乱了阵脚呢？

很多朋友包括我们自己，似乎一直以来都在孜孜以求这些东西：确定的感情，确定的未来，确定的成长，确定的估值……好像只有确定了，我们才睡得更踏实，才不会有那么多白头发。人们总喜欢去搞预测，似乎把结局的种种分析透彻我们才会觉得安稳；也老是爱跟随各种各样的预言，好像它就是事物确定前的心理寄托。这些种种对未来的暗示，就像肥皂泡一样，在现实面前无声破灭，但它还是层出不穷，滋生、蔓延于人类内心好奇的沃土。

一位作家这样说过："当你存心去找快乐的时候，往往找不到，唯有让自己活在'现在'，全神贯注于周围的事物，快乐便会不请自来。"假如你时时刻刻都将力气耗费在遗憾的过去和未知的未来，却对眼前的一切视若无睹，你永远也不会享受到快乐。毕竟，昨日已成为历史，明日尚不可知，只有"现在"才是上天赐予我们最好的礼物。

许多人喜欢预支明天的烦恼，想要早一步解决掉明天的烦恼。每一天都有每一天的人生功课要交，努力做好今天的功课再说吧！对于明天的烦恼，你今天是无法解决的。或许人生的意义不过是看看身旁每一朵绮丽的花，享受一路走来的点点滴滴而已。

东边日出西边雨，是自然界的奇妙；才下眉头，却上心头，是人世间的缠绵；上午红线，下午转绿，是市场的变幻；谁，又是那冥冥中的一双手？倘若你摸不到这双手，不妨尽情地享受当下吧！

还记得有关世界末日的预言吗？在 2000 年临近的时候，曾经众说纷纭，沸沸扬扬，煞是热闹。但到头来，全都不攻自破，被从新世纪走来的人们转身忘得干干净净。

如果你感受不到未来的真实存在，还不如享受当下。把握当下的生活好好地过，明天的事明天再说，好好享受当下吧。

笨人寻找远处的幸福

"做声不幸福，不做声也不幸福；成家不幸福，不成家也不幸福。这种瀑布现象使人类成了所有动物中最不快活的，是最进步，也是最惨兮兮的。"作家韩少功在他的书中，对当下某些人的幸福状态作出这样的阐释。

这句话很犀利，虽然有些不太中听，但的确是对当下社会一些人的真实写照。他们总悲悲切切地觉得，幸福似乎是与自己无关的东西，他们要么只能看到别人有多幸福，让他们心里有多羡慕。要么就觉得自己的幸福一定是在实现某个"目标"之后才会姗姗来迟。反正，幸福总是在远处，在别处。

很多人都说，他们真正向往的生活是这样的：在幽静的山谷中，有一所小房子，前面有一个小院子，在院子里种点儿菜，养条狗，优哉游哉，乐不思蜀；或者远离这喧嚣的城市，身边有爱的人和可爱的孩子，过着平静且富足的生活。还有人直接拿来了海子的诗：面朝大海，春暖花开……

还有很多人虽然内心没有明确的想法，但也觉得需要通过自己的努力打拼，那些美好而富足的生活，是在以后的某一个时刻。譬如，等结婚之后，等拥有一辆好的汽车之后，等去度一次愉快的假期之后，等退休以后，他们的生活就会更加完美，在这些时候才能得到幸福。这种想法的确使人们在工作之中充满了动力，为此，人们可能会十几个小时不间断地拼命去工作。但事实上，很可能面临的情况是，在人们的所有预设的目标和愿望都达成之后，幸福并没有像想象般的那样如期而至。

因为他们认为幸福在远处，所以凡事总希望放一放，搁一搁，等一等，在面对一些选择时，总是说再等等吧，等有钱了、不忙了、有房了、升职了……然后再去怎么样怎么样。总之，觉得幸福的时机，是在等待之后的下一次。正因为我们总认为幸福在远处，于是我们步履匆匆，像流水线上的机器一样处于快和忙的节奏之中，忙忙碌碌去追赶着根本看不见的幸福。

"忙"这个字，拆开来是"心"加"死亡"的"亡"，可以说，如果太忙，心灵一定会死亡。占人曾说过："天下熙熙皆为利来，天下攘攘皆为利往。"人们步履匆匆的去追求的其实就是名和利，我们总认为在得到名和利之后，才算是接近了幸福。但却不知道，如果只有拥有了名利的生活，只是表面看起来很幸福罢了，就如同美丽的外表不等于幸福的实质。但太多的人不明白这一点，还是挤破了头拼命地去追求这种"伪幸福"，而使自己的生活疲于奔命，让自己永远都处于忙、盲、茫的状态，最终失去了自我。

卡耐基告诉我们，人性最可怜的就是：我们总是梦想着天边的一座奇妙的玫瑰园，而不去欣赏今天就开在我们窗口的玫瑰。

忙碌的生活让人们在日复一日、年复一年，周而复始的日子中失去了对生活的激情和斗志，很多珍贵的东西，已经在人们的不知不觉中沉睡了过去，这些沉沉睡去的东西其实就是幸福的源泉。

只有笨人才去傻傻地追求那些远处的、飘渺的、看不见的幸福。每个人的一生其实都是一次远行，重要的不是目的地，而是沿途的风景以及看风景的心情。

珍惜身边每一个幸福感受

人的这一生，对于追寻幸福始终是无法释怀的，每个人都渴望着幸福。幸福涵盖的内容多种多样，既有精神，又有物质。但是，在很多时候，幸福很单纯，一杯茶一碗饭就已足够。幸福不是既定的，有不同的人就会对幸福有不同的理解。

生活，是多姿多彩的。除了日常的工作、学习之外，还有很多美好的事物值得我们去经历。旅行、美食、爱情、家庭，包括工作和学习，这都可以成为幸福的享受。在这个世界上，幸福就像花儿一样，每朵花都会绽放，都会凋零，人不可能一直处在幸福之中，但是，在这一生中，你总会体验到一些幸福的感觉。

幸福其实时时刻刻都在，就像空气中的水分子，只要我们懂得收集，慢慢的我们就能装满一瓶子了。世上总有人在抱怨，抱怨生活不够幸福，缺少这个，没有那个，总觉得自己处在缺米少盐的尴尬中。要知道，一个人无论多么不幸，身边都会有幸福和快乐，无论其他人投来了多少羡慕的目光，还是浑然不觉，这些人为什么渴望幸福，却又对幸福视而不见呢？是因为他们不懂得的发现和珍惜。如果有一天幸福离开了，我们不能再拥有它时，我们才会发现它的存在和珍贵。可那时候，幸福已经离我们远去了，无法挽回。我们应该趁着幸福还没有溜走，好好地把握它，好好地去珍惜！对于未来的幸福，我们可以去争取，但不用奢求。

有人把生活比作是一串长长的珍珠项链，经历的每一个瞬间都是一颗宝贵的珍珠。生活把这些瞬间都组合起来，就变成了项链。有多少欲望就有多少追逐，每个人都希望自己是最佳主角。但是当你无法得到的时候才会发现，原来身边的幸福才是最大的幸福。

那些在感叹不幸的人们啊，幸福是一瞬间，但是它随时都有可能出现。请用心去感受身边的事物，用心去看那一点一滴，你就会发现，其实你很幸福。因为未来，并不一定会比眼前的幸福更美丽。既然眼前的幸福如此美丽，又为什么要苦苦地寻找另一些幸福呢？

无论是谁，都要懂得感受和珍惜身边所有关心你的人，无论是亲密无间的，还是萍水相逢的；无论是爱你的，还是你爱的。请停一下你匆匆向前寻找幸福的脚步，去看看周围，做一个能够慧眼识幸福的人吧！这世上，唯有知福的人才能最接近幸福，也唯有惜福的人才能永远和幸福相伴。

享受过程也是一种幸福

通过不懈的努力去实现了自己的梦想，这是特别美好的结果。许多人都很渴望这种美好，但他们往往会忽视另一种美丽，那就是：为了实现梦想而努力拼搏的漫长过程，当人们从对于成功实现梦想的欣喜中冷静下来，沉淀了种种经历的时候，才会发现这个过程才是最美的。

人们在追求一种客观的物质需求时，总是最关心结果，只要达成目的便算是一切努力都有了回报。只有达到成功，才能满足那颗被强烈欲望占据了的心，从而使一些人只追求结局而不讲究过程。比如在学习上，有些人只看重成绩，得了高分就代表了一切。根本没有想过在取得好成绩的过程中，付出了多少艰辛和汗水。

在 2000 年的悉尼奥运会上，在一场跳水比赛中，萨乌丁一出场就成了全场的主角，而我国选手熊倪也参加了这场比赛，在前五轮中，熊倪一直落后于萨乌丁，但戏剧性的一刻发生了，在最后一轮的角逐中，萨乌丁由于所选动作难度系数太高而发生了严重的失误，而熊倪却在最后一跳中完美地发挥了自己的优势，以 81.60 的高分一举反超了萨乌丁，夺得了一枚对中国跳水队至关重要的金牌。

从比赛结果上来看，萨乌丁输了，而且输得很不甘心。熊倪赢得了这场比赛，我们应该说熊倪是英雄。但是，有一篇关于这场比赛的报道却用了《两个英雄》为题目。文章中说，萨乌丁虽然没有获得金牌，但是为所有人带来了一场精彩绝伦的表演，他们都是人们心中英雄。享受过程，这就足够了。

有句话叫：只求耕耘，莫问收获。天道酬勤，只要全心全意付出了，就必将得到回报，结局一定不会让人失望。结局确实是无法预料的，人们所能做的就是把目光定准前方，享受到达的过程。很多时候，当一心想要达成某个目标时，有时候会因为承受了太多的压力而失利。所以，与其紧盯着胜利，给自己背上沉重的包袱，还不如去享受过程本身。世上的酸甜苦辣，都需要我们一一品尝。这个过程无法让别人去替代，在你亲自品尝的过程中，可能会经历一些磨难，但是最终一定会成长。每一个人都希望自己生活在甜蜜中，认为甜蜜才是幸福。但是，甜蜜是经过品尝酸、苦、辣之后才感觉到的。这个品尝的过程，其实就是品尝"幸福"的过程。

我们寻找"幸福"，可能费尽辛苦、历经失望。但是，这个过程其实就是"幸福"的过程。享受这个过程吧，你会发现很多，得到很多。静心享受过程也是一种幸福。

第五章　幸福是沧海之后的桑田
——人生低谷是幸福开始的地方

幸福与苦难都是对生命的强烈体验

幸福和苦难是人生所要经历的必不可少的环节，却是相反的两个方面，但是它们与生命统一存在。

幸福是灵魂的吟唱和歌颂，而苦难是灵魂的呻吟和抗议，在两者中展现的是对生命意义的强烈体验。

幸福是一种内心的感受，是内心的愉悦与舒适。不过，幸福的感觉并不是一般的快乐，而是内心非常强烈和深刻的一种感觉，以至于我们会为了得到幸福付出许多艰辛的努力，也会因为幸福感受到人生的美好。当我们去体验幸福带来的愉悦时，也会感受到生命这个东西的神奇与美好。父母赐给了我们生命，让我们有机会去享受各种幸福，从幸福中体验生命的意义。当我们被幸福包围，深深地感受到幸福的意义，就会觉得生命不虚此行。我们用灵魂去寻求、面对、感悟、评价整个生命的意义，当我们的人生感到幸福时，那就会带来灵魂的愉悦，这些并不是一些细碎的感觉所能代替的。

一切美好的经历必须用心去体会才能感受其幸福，如果一颗人没有一个敏感的心，他就失去了体会幸福的机会，这也决定着一个人感受幸福的能力。对于内心世界不同的人来说，相同的经历具有完全不同的意义，这是因为他们在体验生命的过程中，对幸福有着不同的感悟能力。

苦难与幸福是相反的东西，但是它们却是人生所要经历的。苦难与幸福有一个共同之处，就是都统一于灵魂，都是对生命意义的评价与体验。在通常情况下，我们的灵魂都是沉睡着的，一旦我们感到幸福或是遭遇苦难时，它便醒来了。它会用自己特有的灵敏去辨别苦难与幸福，给生命以强大的体验。如果说幸福是带来了灵魂的巨大愉悦，而这愉悦源自对生命的美好意义的强烈感受，那么，苦难则是会震动生命的根基，使人们体验到生命的另一面，这两方面是所有人都要去经历的，它们统一于生命，只是生命不同的体验形式而已。苦难是一种能够震撼灵魂的东西，它虽然使灵魂处于痛苦却富有生机的紧张状态，但它能给生命以强烈的体验。

幸福是灵魂的一种愉悦的体验，苦难则是灵魂受挫的一种表现，它们统一于生命。快感和痛感是肉体的感觉，快乐和痛苦是心理现象，而幸福和苦难则仅仅属于灵魂。

幸福能够让生命的意义展现华美的一面，苦难中却能让生命体味艰辛的一面。其实苦难与幸福未必是互相排斥的，在更多情况下，人们在苦难中感觉到生命意义的受挫，才会更加清晰地感受到幸福来临时生命的强烈震动。没有被苦难打击过的人生是不会深刻的，苦难仍会深化一个人对于生命意义的认识。

人生的艰难最能检验一个人的灵魂深浅。有的人一生遭遇不幸，却未尝体验过真正的苦难，正因为有了苦难，才会觉得幸福是如此难得。苦难与幸福都是对生命的强烈体验，完整的人生离不开苦难和幸福的支撑。

痛苦是促成幸福的一种力量

我们每个人都无法选择自己的命运。可能命运会给我们安排各种苦难，即使注定要经历痛苦，我们也必须默默地承受。

但是，很多时候我们会发现，在经历了苦难之后，我们的心开始变得勇敢，我们的意志开始变得坚强，我们在苦难中成长并学会了应付更多的艰辛……

贝多芬从小就在父亲的暴力迫使下学习各种乐器。

在贝多芬稍长大一些的时候，厄运降临在了他的身上——他最亲爱的母亲去世了。贝多芬很难过，只能写信向朋友哭诉。

在苦难中长大的贝多芬也是幸运的。在法国大革命爆发时，贝多芬曾经遇到莫扎特，并互相交流。后来又拜海顿为师。就在贝多芬初次尝到成功的甜蜜的时候，痛苦又一次降临了。他的听力开始衰退。幸好，贝多芬的耳朵没有完全聋。可以说，贝多芬所有的作品都是在耳聋以后完成的。

人们从贝多芬的音乐中感受到了天才的伟大，可是这种伟大的背后，又有多少人可以看到他背后的悲伤和苦难。在之后的岁月里，贝多芬又不止一次遭到了一连串的打击。后来，他的身体越来越差，先后得了肺病、关节炎、黄热病和结膜炎等等。尽管如此，但他对音乐的热爱还是毫不动摇。

面对生命强加给他的苦难，贝多芬凭着坚韧不拔的意志力，最终成为著名的作曲家。贝多芬曾在写给弟弟的信中写道："只有道德才能使自己获得幸福而不是金钱。"

命运对每个人都是公平的，苦难也是如此，当我们遭受挫折时，要想想那些遭遇苦难却能勇敢站起来的人们，或许正是因为他们的坚强，他们能够经历上天的考验，才会获得今天的成就。在我们遇到苦难时，不应该怨天尤人，而是应该用自己顽强的意志和痛苦搏斗，或许你会获得最后的胜利。

人们总是会敬仰强者，唾弃弱者。我们如果想得到他人的认可，就先要让自己变得强大。命运赋予每个人的东西都是不同的，但生活的意义却是给人们同样的机会。有信心和勇气去争取，就会战胜自身的缺陷，在生命的困顿中找出方向，找到生命的意义。

坚强勇敢的人总是懂得在坎坷的路上抓住机会，他们取得了胜利就会存活下来，就会出人头地！但是如果我们不能经受人生路上的坎坷，就会被生活的磨难打败。痛苦其实是促成我们幸福的一种力量。我们每一个人都要经历磨难，我们不应该被磨难压弯了脊梁，而应做一个把苦难打倒的人，这样的人才有可能在经历痛苦后获得幸福的能量。

在弱者眼里，苦难是鞋里的细沙；而在强者眼里，苦难则是一颗华丽的珍珠。苦难让我们变得更加坚强，苦难让我们始终保持着清醒的头脑，苦难让我们一步步提高自己。

正因为经历了苦难，我们才得到了生活的甘甜，所以感谢苦难，感谢那些曾经带给我们无限痛苦的命运女神。

认同了痛苦，便失去了幸福的根本

人的一生中，每个人都会沐浴幸福和快乐，也会经历坎坷和挫折。上帝是公平的，痛苦往往是伴随幸福存在。当痛苦降临时，我们不能认同它，而应该尽量去摆脱它，你认同它，就失去了幸福的根本，让自己身陷痛苦的囹圄，处在绝望的深渊，幸福只会离你越来越远。面对痛苦的时候，就是考验你有没有坚定信念和意志力的时候。

当我们遇到坎坷、遭遇挫折时，不要悲观失望，不要长吁短叹，不要停滞不前，而是把这样的经历作为人生中一次历练。把它看成是一种人生成长中必不可少的部分来加以对待，这才能让我们更好地谱写出自己的人生精彩，也能离幸福的城堡更近一些。

人生难免要经历各种坎坷和挫折，没有痛苦的人生是不完整的。挫折是成功的先导，重要的在于是否能勇敢地面对挫折，或许结果会有不尽如人意的地方，但是拼搏了就是争取了，当你认同了痛苦，放弃拼搏，那么你便失去了幸福的根本。

"塞翁失马，焉知非福？"碰到挫折，不要畏惧、逃避，要换一种积极的心态,挫折对我们来说其实是一件历练意志的好事。唯有经历了挫折与磨难,才能使一个人变得坚强,变得勇敢。

挫折来临时,会燃起一个人的热情,唤醒一个人的潜力,如果他敢于面对,那么他就有可能将"失望"变为"动力",能像蚌壳那样,将烦恼的沙砾化成珍珠,在挫折中成就自己的人生价值。

没有经历痛苦的人生绝不是完美的人生。当你战胜苦难的时候,你会对幸福有更深一层的感悟。然后,在这样一次次的感悟中,你就会走向真正的幸福。

真正幸福的人,都是在经历了痛苦和磨难之后才能感悟到真正的幸福。

生命不能轻易妥协痛苦,人生路途漫漫,谁也不可能一帆风顺,都难免要经历挫折和坎坷。经过挫折和痛苦的历练,人才会变得更顽强、更成熟、更勇敢,也就离幸福更近一步。与痛苦斗争不但可以积累人生的经验,而且人生可以在挫折中得到不断的升华。所以,我们更应该正视痛苦,不能与痛苦妥协,任意受其折磨,只有与痛苦斗争,才能获得幸福的眷顾。

没有经历过挫折的人,体会不到成功的喜悦,没有经历过痛苦的人,就不是一个幸福的人,痛苦只会让幸福显得弥足珍贵。

生命、前程、幸福,都把握在我们自己的手上。我们要珍惜挫折带来的机会,它能够让人进步、积累经验,但是如果对它妥协,人生便会坠入万丈深渊,我们要以正确的心态去看待痛苦,正确认识挫折的客观性和优越性,将挫折转化为力量,这样才能在幸福的路上更加顺畅。

人生中的痛苦会让我们回味生活的甜美,感受到幸福的美好。在人的一生中,真正的快乐我们很难想起,但痛苦却往往难以忘记。痛苦不可避免,但我们却不能对它认同,学会用微笑迎接痛苦,幸福才能来得更快。

面对关口，寻找出口

有人说："心灵的新陈代谢，就是要经常替潜意识排毒，换上正面的能量，排走负面的想法和迷执。"就像心灵的沉重需要及时清理，否则就会被负面情绪影响。当我们面对生活的苦难，也要及时面对，寻找解决困难的办法，只有这样，我们才能从苦难中及时摆脱出来，而不至于越陷越深。你只有敢于去面对，敢于去战胜苦难，才会变得更加强大。

日本著名企业家土光敏夫，在中学时参加学校组织的一项100公里徒步训练。对一个十三四岁的孩子来说，这种活动的艰苦性是可想而知的。走了两天，他的脚就起了血泡。曾有许多次，他都想停下来。但是，每当有这样的念头时，他耳边就有一个声音在提醒：躺下去便是懦夫！打起精神，走下去！

于是，他咬牙挣扎着继续前行。不仅如此，他还鼓励大家咬牙坚持。一些体弱的同学支持不住，累倒了，他还背他们一段路程。渐渐地，他感觉自己已经适应了这种艰苦的跋涉，身上背的东西也似乎轻了许多。

土光敏夫后来担任有"财界总理"之称的日本经团联会长职务。他说："我之所以在以后的做事中不半途而废，关西中学的长途步行给我的启示最大。我知道：面对困难，人唯有迎接挑战而不是回避，才会有真正的成长。你战胜困难一次，就更强大一次。"

面对关口，寻找出口。让自己变得更强的办法就是在困难来临时，勇敢地迎上去，慢慢地你会适应困难带来的压力，自己也会变得更强。当困难来临时，要及时地找到解决的办法，及时摆脱困境。否则，如果只是一味地回避，那么只会觉得苦难越来越深，让人无法自拔。其实，苦难和挫折就像弹簧一样，当你让自己变得强大，勇敢面对的时候，它就会弱下来。

　　遭遇困难不该沉浸在绝望的情绪中，应该激励自己勇敢地迎上去，寻找解决问题的办法。你会发现在经历苦难的冲击之后，心底沉睡的力量居然会被唤醒，你会发现自己从未这么强大，可以去面对这样的困难。其实，在面对苦难的关口，只要你肯拿出勇气，竭尽全力去寻找出口，那么无论怎样的困难都会有解决的时候。生活不是诗，我们却能让自己的眼睛和心灵共同去谱写更多的诗篇，面对困境，给自己一个机会，一点儿勇气，战胜了困难，才会让自己变得更加强大，更加无所畏惧。

　　经历过生活的风风雨雨，便会懂得幸福的来之不易。所有一切都要靠自己的努力去争取，要想获得幸福的人生，就不要让自己在前进的道路上被困难阻碍，面对困难，及时去解决才不会成为羁绊自己前进的障碍。面对关口，需要出口，只要勇于尝试，总会战胜一切困难。

幸福的极致是流泪

　　大家可能会认为，每个人在感到幸福的时候都是笑着的，其实，并不是只有笑才是表达幸福的唯一方式，笑不一定是最幸福的时刻，人真正达到幸福的巅峰时，往往会"喜极而泣"，那才是幸福的极致。

　　世俗社会让人们在忙碌中迷失了自己，熏染得久了，内心就变得越来越世故。心灵的泉水就会越来越少，甚至干涸。生命中能够保持自己本真天性的人不多，然而，正是这些人才会拥有别人想象不到的幸福。

　　重新在世俗的社会中找到自己失却已久的本真个性，才能体验幸福的最高境界。其实，感动是一种幸福。它是人的感情的一种升华，真正的幸福不一定都是充满欢笑的，感动的时候往往会流下幸福的眼泪。

　　感动是一种情感体验，它牵动着一个人体验幸福的感官。

看到一段浪漫的爱情故事，会被他们爱情的忠贞不渝深深地打动，也会被故事里的情节打动；醉人的歌声、动人的旋律，也会激起内心深藏的情感，在欣赏中被感动。生病时朋友送来了关爱的话语，孤独无助时亲友柔声的安慰和鼓励，都会使我们感动，甚至落下感动的泪水，这时的我们是幸福的，正是因为这种美丽的情感体验，让我们的人生充满温暖和幸福。感动也是幸福的一种极致，因为能让你感动流泪的事情必定是在心灵上有很大震动的，是幸福的一种强烈体验。

《心海拾贝》中关于感动有这样的描述：感动源于对生活的挚爱，源于对生命意义的正确把握。只有那些对真诚、善良、唯美有着本能追求而又情感丰富、细腻的心灵，才善于领悟世界的美好，才会时常被感动得双目濡湿。感动是一种情感操练，是一种无声的教育，是一种良好的滋补，时常体味感动，你的心灵彩釉才能永远保持一份健康、纯净、敏锐和年轻。这样的感动是最真挚的幸福。

那些对一切让人感动的事物视而不见的人，他们的内心是荒凉的，他们的精神世界是空虚的、贫乏的，他们不会去体验生命带来的幸福和美好，往往过得麻木而苦闷。我们要学会做一个会感动别人又容易被别人感动的人，因为这种人是最幸福的，常常感动的人才会容易体验到幸福的极致。如果一个人的内心淡漠，对人或事都是麻木不仁，那么这样的人永远不可能找到幸福。体验幸福的极致，就必须让自己有一颗灵敏的心，一种柔软的心灵，做本真的自己，体会流着泪的极致幸福。

缺陷，也会成为幸福的敲门砖

上帝造人的时候，故意不把人造得那么完美。每个人都有不同的长处和缺陷，才会展示出生命的形形色色，能否把生命演绎得精彩，就在于你怎么发扬长处，规避短处，有时缺陷也会成为你幸福路上的敲门砖。当发现自己的缺陷时，一味地怨恨是可悲的，怎么去弥补这个缺陷才是最重要的。

加拿大有一位叫让·克雷蒂安的少年，说话口吃，曾因疾病导致左脸局部麻痹，嘴角畸形，讲话时嘴巴总是歪向一边，而且还有一只耳朵失聪。

一位医学专家告诉他的妈妈。要治疗这种病，可以把小石子含在嘴里讲话，这样就可以矫正口吃。克雷蒂安就按照医生的说法，整日在嘴里含着小石子练习讲话，以致嘴巴和舌头都被石子磨烂了。母亲看到后心疼得直流眼泪，她抱着儿子说："孩子，不要练了，妈妈会一辈子陪着你。"

克雷蒂安一边替妈妈擦着眼泪，一边坚强地说："妈妈，听说每一只漂亮的蝴蝶，都是自己冲破束缚它的茧之后才变成的。我一定要讲好话，做一只漂亮的蝴蝶。"

功夫不负有心人。终于，克雷蒂安能够流利地讲话了。他勤奋且善良，中学毕业时不仅取得了优异的成绩，而且还获得了极好的人缘。

1993年10月，克雷蒂安参加全国总理大选时，他的对手大力攻击、嘲笑他的脸部缺陷。对手曾极不道德地说："你们要这样的人来当你的总理吗？"

然而，面对对手的恶意攻击，他一笑置之，这种恶意攻击也招致大部分选民的愤怒和谴责。当人们知道克雷蒂安的成长经历后，都给予他极大的同情和尊敬。在竞争演讲中，克雷蒂安诚恳地对选民说："我要带领国家和人民成为一只美丽的蝴蝶。"结果，他以极大的优势当选为加拿大总理，并在1997年成功地获得连任，被国人亲切地称为"蝴蝶总理"。

缺陷不一定就能阻碍一个人前进的道路，就看他用什么样的心态去面对自己的缺陷。如果一味地自怨自艾，抱怨命运的不公，那么他的命运不会有什么大的改变。相反，不屈服于命运的人往往会想尽一切办法去弥补自己的缺陷，进而让它成为自己的优势。有些盲人，上帝虽然在他们眼前遮上了帘子，但是他们的听觉会比一般人灵敏，凭借这个，他们依然可以照顾好自己的生活。

生命中，缺陷是不可避免的，缺陷并不可怕，可怕的是永远走不出缺陷的阴影，不愿给自己一个机会去发现更美的世界。正确面对自己的缺陷，说不定它会成为幸福的敲门砖。

从不幸中挖掘幸福

幸福，是美丽的，是令人向往的，又是值得许多人为之奋斗的。人们渴望幸福，费尽千辛万苦寻找幸福，却忽视了我们或许就沉浸在幸福之中，只是我们不善于发现幸福，也就错失了体验幸福的机会。其实，幸福有很多种内涵，寒冷时的一杯热茶足以让人备感温暖，深感幸福。

幸福往往是需要自己挖掘的，即使面对不幸、面对苦难，只要敢于面对，从不幸中挖掘幸福，那么幸福就会不期而至。

幸福是一种心灵的强烈震撼，当我们身处苦难中仍不放弃希望去挖掘幸福时，就会体验到真正的幸福。总有一些坚强的、乐观的、令人敬佩的人勇于在不幸中寻找幸福，他们是值得我们敬佩的。我们应该善于发现生活中的一切，包括苦难、不幸赋予我们的东西，善于发掘，就会从中收获意想不到的东西。和很多苦难的人相比，我们是幸福的，面对生命赋予的苦难，他们仍能乐观地面对，脸上还洋溢着幸福的笑容。和他们相比，我们真是太幸福了。既然如此，我们就不该愁眉不展，闷闷不乐，抱怨命运的不公平，抱怨仕途的曲折，抱怨生活的艰难，如果觉得自己不幸福，那只是因为缺少一双可以发现幸福的眼睛。幸福无处不在，只要善于发掘，即使身处苦难与不幸之中，依然会体会到常人无法体会的幸福。

我们要学会从不幸中挖掘幸福，有很多人都是我们学习的榜样。张海迪是不幸的，但她却能学会在不幸中发现人生的幸福，坚强勇敢地活下去；霍金是不幸的，疾病的折磨让他的一生充满苦难，可是他却能从不幸中发掘幸福，从而取得了惊人的成就；史铁生是不幸的，失去了双腿，可是他却用文字述说着与地坛的深厚情谊，发掘生活给他的另一份幸福。幸福是人类共同追求的，苦难与不幸也是人类共同遭遇的，幸福和不幸不分种族、不分国界、不分肤色。

不要总是抱怨命运的不公平，命运给了你不幸，就会从其他地方给你补偿，只要你用心生活，用心体验。每一个成功的人生总是既有幸福也有不幸。有了名誉、地位和钱财，不一定就很幸福，关键在于有一颗发现幸福的心。如果你有，那么便可以自豪地说"我很幸福"，因为有健康的身体是幸福，有爱你的和你爱的人是幸福，幸福有很多种定义，都需要自己去体会。

幸福与不幸，只有一字之差。只要懂得把握幸福，就能在不幸中挖掘幸福。如果身在幸福中却不懂得享受幸福，那人生就毫无意义可言。在不幸中能够感知幸福的人是可贵的。只有懂得欣赏生活，享受苦难的人才能在任何时候都能享受幸福。

经历磨难也是一种幸福

前苏联著名作家高尔基曾说："苦难是人生最好的大学。"人的一生中会遇到各种苦难和挫折，如果不可避免的话，倒不如欣然地接受，这是因为人一旦经历了苦难之后，就会愈挫愈坚，无往而不胜。对于能正确对待磨难的人来说，经历磨难其实是一种另类的幸福。

每年快到秋天的时候是收获核桃的时节，我们总会发现很多核桃树都是遍体受伤，几乎没有一根完整的树枝。一般被砍过的或是小孩子经常爬的核桃枝上的核桃比没有砍过的树枝上结的核桃大得多，而且结的果实也比一般的多。待核桃成熟后，果然受过伤的核桃比没受伤的核桃可口得多。其实，核桃树的脾性和一般的果树不一样，越是使它的枝丫受伤，它长得就越茂盛，果实越香甜，而且第二年比第一年更好，尤其是正在结果成形的时候，受的惩罚越多越利于结果。

其实，植物界跟我们人类的生存法则是相似的。树枝经过了历练，才能结出更好的果实。一个人如果经历过痛苦、灾难和挫折，那么他生命的枝头结的果实将会比顺境中结出的果实更香甜。经历磨练才能在风雨中站得更直，才能让自己活得更加坚强。正如成功不一定要经历失败的过程，但如果经历过失败，那么在逆境中锻炼出来的人的潜力，会比在顺境中发展而来的人发掘得更深些，更大些。

在自然界中，那些伤痕累累却又倔犟地迎着灾难和风雨生长的种子往往会活得更加挺拔，更加顽强；而对于人生而言，或许命运也更喜欢将最丰硕的果实馈赠给那些经历过磨难依然坚持下来的人。

英国伟大的诗人弥尔顿，虽然双眼失去了光明，可他仍拿自己坚强的毅力征服了世界。他曾在描述自我的境遇时，是这样自勉：

"在茫茫的岁月里／我这无用的双眼／再也瞧不见太阳、月亮和星星／男人和女人／但我并不埋怨／我还能勇往直前。"

贝多芬双耳失聪但仍创作出了很多脍炙人口的世界名曲。生活赐给他的磨难并没有阻碍他前进的脚步，反而成为他激励自己前进的动力，他也因此获了自己应得的荣誉。经历苦难有时候并不都是坏事，它应该成为你勇往直前的动力。

苦难是最好的大学。我们不能被苦难所击倒，而应把它作为积累经验或是作为勉励自己前进的动力，这样你才能成就自己，获得幸福。

下篇

如何保持幸福
——用对方法，打一场
幸福的持久战

第一章　幸福就是手中有事做
——价值是幸福的伴侣

幸福是终极价值目的

在我们的现实生活中，毫无疑问地存在着贫富差别、腐败滋生、道德恶化、生态破坏严重等种种问题，这些问题的根源是什么？归纳起来无外乎两个：一是利益问题，二是制度问题。然而，探其根本还是价值观的问题。

在当今中国，种种问题的核心恰恰是我们的价值观念出了问题。事实上，大到一个国家、一个民族，小到一个团体以及一个人，把物质利益作为唯一的价值追求，没有了理想、精神与道德，怎么能感知到唾手可及的幸福？

幸福是人类行为的终极目的和行为动机的真实体现。21世纪已成为人类追求幸福的世纪，追求幸福生活才是人类经济社会发展与生活品质提升的根本。伟大的人民教育家陶行知曾说："一切的学问，都要努力向着人民的幸福瞄准。"美国哲学家和心理学家詹姆斯·威廉说："如果要问，人最关心什么？其中一个回答就是幸福。"追求幸福是人的天性，这源于人趋乐避苦的本能，幸福也永远是人类社会永恒的追求，幸福是一种感觉，幸福是一种信仰，幸福更是一种生活方式。

对于一个企业来说，更应该把幸福作为终极价值目的。现代管理大师彼得·德鲁克曾经说过："企业只有一项真正的资源：人。"营造和谐的氛围，让员工保持快乐，提升员工的幸福指数，是新思想管理当中重要的衡量因素，这直接影响着工作效率和企业的持续发展。"为全体员工谋幸福，为社会发展贡献力量"是京瓷公司创业初期设定的追求目标，并成为公司共同的使命。在阿里巴巴 10 周年庆典时，马云表示，在 2010 年我们设计、打造阿里人员工的幸福指数。中国台湾奇美电子是全球三大液晶电视平版供应商，之所以能在电子产业取得现今的卓越成绩，主要源于独特的企业文化和经营理念——"企业是追求幸福的手段"。奇美的企业目标是要追求世界第一"幸福的人"。经调查研究发现，不同的人有不同的幸福感，员工幸福指数越高，忠诚度就越高，发挥着自己的潜力和能量就越大，进而推动着企业健康持续地成长。

新思想运动倡导者、潜能训练导师杨海涛表示，财富力、健康力、情感力、学习力，最后交织而成的就是幸福力。幸福就是享受此刻的感受，幸福就是持续发展的过程。人类所有的动力就在于追求幸福，为了满足这一需要，就会成为国家持续发展，企业持续成长，人类持续进步的动力。

人的幸福来源是物质、情感和精神，人的幸福路径是爱自己、爱他人、爱大家，现有的、传统的文化主张都存在某种片面性，或强调精神、否认物质；或追求物质、贬抑精神；或执著于爱自己、爱他人、爱大家中的一面。只有以幸福为终极价值理念，爱自己、爱他人、爱大家为核心价值观的价值体系，才能为人们寻找到幸福之路。

幸福源于人生价值的实现

考量国民"幸福指数"的是生活水平的提高和生活质量的改善，而生活水平的提高和生活质量的改善，幸福感是最重要的指标，幸福感源于成就感和人生价值的实现。

科威特著名女作家穆尼尔·纳素夫说："真正的幸福只有当你真实地认识到人生的价值时，才能体会到。"人是社会的人，一个人在多大程度上实现他的价值，不在于他得到了多少，而在于他为社会、为他人创造了多少价值，做了多少贡献。譬如，一个衣食无忧的富翁，如果他想要获得比衣食无忧更大的快乐，那他还要追求更有意义的人生，比如用一部分财产来从事公益事业，从而在人格或道德的自我完善中获得快乐。这远比衣食无忧的快乐更大，由此给他带来的幸福感也更强。

一位警察在自己的博客中这样写道：

几度风雨几度春秋，风霜雪雨搏激流，历尽苦难痴心不改，只因幸福驻心中。飞翔的路上有苦的滋味，行走的征程也有乐的开怀。当我拖着疲惫的双腿回到家中，看到父母笑逐颜开，看到妻子关爱的目光中有一丝担忧，当小女儿戴着我的大檐帽自豪地说："长大了我要当警察，像爸爸一样抓坏蛋。"心中为警的责任感和幸福感油然而生。当风雪夜踏进农家，热情的村民为我们腾一方热烘烘的炕角，端上一碗热腾腾的面条时，我深切地感到党和政府及人民群众的关怀和支持是我们胜利的法宝。正是这种幸福感让百万人民警察怀揣期望上路：打击犯罪，保护人民；立警为公，执法为民。我们热爱警徽且爱得深沉，我们微笑着挺过艰难险阻，打造华夏一个朗朗乾坤，源于"爱与责任"。就因为我们有一个庄严神圣的名字——人民警察，所以，我们面对凶恶的歹徒无所畏惧，挺身而出；面对求助的群众真诚服务，义无反顾。

警察的幸福感，更多的是源于在平凡的岗位上为人民服务的充实和心灵的愉快；医生的幸福感来自于为患者治愈病伤，这样的幸福无不是一种对人生价值实现的满足感。

我们怎样才能满足最重要的基本需求并且实现人生价值呢？很多人寻求事业、家庭、休闲和精神慰藉来满足他们最重要的需求。史蒂芬·斯皮尔伯格在拍摄《辛德勒名单》时很以自己的犹太血统自豪。这部描写犹太大屠杀的影片最终获得奥斯卡最佳影片和最佳导演奖。当他回想起这个成就时，他觉得自己是忠于犹太血统的，这种内在的感觉满足了他对荣耀的渴望。

美国拳王洛基卡斯安诺也在事业中找到了价值幸福感。他是个勇士，这就是他，也是他的梦想。他年少时是个只会打架的问题少年。当他成为一名拳击手，并获得中量级冠军时，他终于找到了一种方式，能够被社会接受又能满足他对报复欲的热衷，打斗从痛苦之源变成快乐之源。

价值幸福感是公平的。无论你富裕或贫穷，聪明或愚钝，身体灵活或笨拙，受欢迎或不善言谈，你都会体验这种幸福感。富人并不一定快乐，穷人也不一定不快乐。价值感，而不是感官满足使我们得到真正的快乐。每个人都可以过与他们自身价值相一致的生活。

失去了价值便失去了生存的意义

天地生人，一人当有一人之业。不光是人，即便是飞禽走兽、花草树木也有自己应尽的责任与义务。生命在轮回之前，可能是树，也可能是草。

每个人的人生价值都不同，草不可能成为树，树也不可能成为羊、是树，就应尽可能地长得高大粗壮，成为可用之材；是草，也不要嫌弃自己，要尽量把根须往深处扎，多汲取养分，成为吹不倒、踩不死、烧不尽，永远充满生命活力的一棵草。

一天，一个小和尚正弯着腰在院子里清除杂草，因为天气炎热，他汗流浃背。"可恶的杂草，假如没有你们，院子一定很漂亮。"小和尚嘀咕道。

有一棵刚被拔起的小草，正躺在院子里，它回答小和尚说："你说我们可恶，也许你从没有想到过，我们也是有用的。现在你听我说几句吧。我们把根伸进土中，等于在耕耘泥土，当你把我们拔掉的时候，泥土就已经是翻过来了。此外，下雨时，我们防止泥土被雨水冲掉；干旱时，我们能阻止狂风刮起沙尘。我们是替你守卫院子的士兵，也是为你垫脚的绿毯。"

小和尚听了这些话后，不禁肃然起敬。

小草没有惊天动地的壮举，没有轰轰烈烈的伟业，在随处可见的平凡中，承担着为大地添绿的责任，在被人踩过的每一个脚印里，彰显着自己微弱的价值。

花草树木如此，人更应当如此。每个人活着的目的都是彰显自己的价值，失去了自己的价值便失去了生存的意义，幸福更是无从谈起。

在日常生活中，不用说一个人能为社会做出多大的贡献，简简单单地能让别人惦记着自己，让别人需要你的帮助，让别人因为有你的存在而生活得更加幸福，这就证明你有存在的价值，而我们也因为自己价值的存在而生活得更加幸福。

寻找我们内心的使命

人与人的差异很大，每个人都有不同的天赋和个性，所以每个人不得不解决的问题之一，就是他们自己的独特性，他们自己的与众不同，以及学会在与别人相处时在这方面做出妥协。正因为不同，所以我们每个人都有自己特殊的才能、自己特殊的职业。我们每个人都有自己的意愿，都有自己选择的自由，前提是不超越某种生物学的界限，不超出自己的能力范围。

生活中有大量多样性的道路可供我们选择。因为我们每个人都是独特的，我们要做出自己的选择。如果我们一而再、再而三地询问自己，就会找到答案，我们也将能够为自己选择一条正确的道路。

使命的本义是召唤。在每个人的心灵最深处一定有某种东西在召唤他，正如我们常说的理想。有些人的召唤是想成为家庭主妇，而有些人则是想成为律师、科学家或广告公司经理。召唤有许多种，而且还会有后继的召唤，譬如职业上的变动。有些人会发现自己的职业在某方面不适合自己，有些人则花费数年甚至一辈子来逃避他们真正的使命。

2001 年 5 月，美国内华达州的麦迪逊中学在入学考试时出了这么一道题目：比尔·盖茨的办公桌上有 5 个带锁的抽屉，分别贴着财富、兴趣、幸福、荣誉、成功 5 个标签；盖茨总是只带一把钥匙，而把其他的钥匙锁在抽屉里，请问盖茨带的是哪一把钥匙？其他的四把钥匙在哪一只或哪几个抽屉里？一位刚移民美国的中国学生恰巧赶上了这场考试，看到这个题目后，他一下子慌了手脚，因为他不知道这到底是一道语文题还是数学题。考试结束后，他去问他的担保人——该校的一名理事。理事告诉他，那是一道职能测试题，内容不在书本上，也没有标准答案，每个人都可以根据自己的理解自由地回答，但是老师有权根据他的观点给一个分数。

中国学生在这道 9 分的题目上得了 5 分。老师认为，他没答一个字，至少说明他是诚实的，凭借这一点应该给一半以上的分数。让他不能理解的是，他的同桌回答了这个问题，却仅得了 1 分。同桌的答案是，盖茨带的是财富抽屉上的钥匙，其他的钥匙都锁在这个抽屉里。

后来，这道题目被这位中国学生发回了国内，他在信中对同学说，现在我已知道了盖茨带的是哪一把钥匙，凡是回答这把钥匙的都得到了大富翁的肯定和赞赏，你们是否愿意测试一下，说不定会从其中得到一些启示。

同学们到底给出了多少种答案，我们不得而知。但是，据说有一位聪明的同学登上了美国麦迪逊中学的网页，他在该网页上发现了比尔·盖茨给该校的回函。函件上写着这么一句话：在你最感兴趣的事物上，隐藏着你人生的秘密。

每个人都有来自内心的呼唤，我们称之为心灵使命的召唤，它是我们生存的本质和理由，只有为了自己的使命而活着的人，才能找到生命中的快乐和意义。

我们喜欢做某件事，甚至有天赋做好它，但许多人并不一定听从心灵的召唤。有些人听从了婚姻与家庭生活的召唤；有些人则听从了独身或禁欲的召唤。当面对心灵使命的召唤时，我们常徘徊不定。

有一个事业成功的女子，她拥有两个大学学位，当她33岁即将为人母时，她经历了痛苦的彷徨："以前，我从来无法想象，自己会被某个人所牵绊。不管是男人或小孩，我一直在抗拒为他人负责的观念。我一直相信所谓的'自由'，就是靠自己的聪明与欲望生活。我不要依靠任何人，也不要任何人依靠我。"

随着年龄的增长，这位女子对自己之前所坚持的观点开始产生不确定与怀疑，对于生活，她慢慢有了全新的看法。"我发现自己被迫'放弃'自由的生活，开始喜欢相互依靠，我无法想象没有孩子的生活。我无法清楚地指出是什么力量推动我，去接受作为母亲与忠诚伴侣的新形象，但是当我停止抗拒时，这种转变让我觉得非常自在。"

显然，使命的达成不一定能保证快乐，但它一定会给人带来安宁。上苍对我们每个人的独特召唤，最后都会给人带来成功，但这个成功不一定是刻板意义上的。

摆脱现实的困扰，倾听自己心灵深处的召唤，只有遵循这种使命，才能在繁忙中体会安宁，在忙碌中体味到幸福。

幸福与责任同行

"责任"，这两个字谁都会写，识字的人也都认识，可真正理解其意义，那就参差有别了。不仅要认识责任，还要意识到肩上扛着的责任，即对子女、对父母、对长辈、对工作、对朋友、对国家……都负有一份不可推卸的责任。幸福伴着责任而生，有责任才有幸福，而幸福使人更加负责。

俄罗斯剧作家罗佐夫曾经说过："人在履行职责中得到幸福，就像一个人虽然背上驮着东西，可心头很舒畅。人要是没有了责任，不尽什么职责，就等于驾驶空车一样，也就是说，白白浪费。"诚然，责任是一种负载，被责任压着的时候往往让人感到沉重。倘若失去负载，人就会漂浮疏忽，甚至还带来灾难。

某挖掘公司有一个推土机操作员经常不遵守纪律，常常酒后操作推土机，还不听从现场监督人员的劝告，这让监督员很担心。

监督员的担心终于被不幸言中了。一天，该操作员正用推土机推一条地势较高的路，这条路的下面6米处正好有住户。这天，该操作员午餐时又喝了很多酒，开始工作后便头脑不清了，没过多久，他头一歪打起盹来，而他的推土机依旧继续向前走。山路的颠簸并没有弄醒他，推土机磕磕绊绊地向前又走了25英尺（7.6米），然后翻倒在山坡上，最后冲入住户家的前院里。

操作员从推土机上被甩了下来，但只是受了点儿轻微的皮肉之苦。重达3吨的推土机冲进了住户家。好在这一家人出外度假了。

然而，附近的邻居非常气愤，尤其是当他们从警察那里得知推土机操作员在作业时还喝醉了。外出度假的人家听说这件事后也提前赶了回来，也表达了他们的愤怒。他们把该挖掘公司告上了法庭，理由是公司在知道该操作员有酗酒问题之后不该再允许他工作。

这名操作员不负责任的行为，差点儿酿成了大祸。试想，如果他本人重伤了，或者伤了别人，他又如何收场呢？工作中需要承担责任，这是对公司的负责，更是对自己的负责。生活中同样也需要责任，这是对亲人的承诺，也是对朋友的担当。

责任与幸福同行。幸福有点儿像玩多米诺骨牌游戏，推倒其中任何一张，所有的牌都会跌倒，幸福又从何谈起。

被人需要是一种幸福

"假如有一天我离开了，会不会有人想我呢？"也许你会这么问自己。

是的，谁不想成为别人记忆里最宝贵的那一部分呢？也许你一个俏皮的玩笑，能让人回忆很多年；也许你一次慷慨的捐助，让人觉得世界还有真善美，从此改变了他的一生；也许你一次回眸的微笑，在别人的梦中不停地反复……

被人需要是快乐的。扪心自问想一想，你会需要一个你不信任的人吗？答案是否定的，你会想念一个你讨厌的人吗？答案是否定的，你会把一个重要的事情交给一个吊儿郎当的人吗？答案是否定的……

有人以自己"被需要"而不是"我需要"为耻。其实，这是一种观念的误区。一个人无论在家庭、在社会还是在企业，"被需要"其实是一种幸福，因为"被需要"体现了你自身存在的价值。相反，一个处处"不被需要"的人应该感到可悲，因为"不被需要"意味着你已经被这个社会和企业"边缘化"甚至遗弃了，你已失去应有的价值了。

试想一下吧——在家里，如果你不被你的父母、爱人和孩子所需要，有你没你都无所谓；在社会上，如果你不被你的亲朋好友所需要，每个人都冷落你；在企业，如果你不被你的同事和领导所需要，领导忽视你，同事也轻视你……那将是怎样的一种情形？我想果真如此的话，恐怕你连活下去的信心和勇气都没有了。

所以，如果你的同事或朋友总喜欢找你帮忙，你不要嫌烦而应该感谢他们，因为他们使你看到了自身的价值；如果公司领导总是多派给你任务甚至"额外"的任务，你切勿埋怨而应该感到高兴，因为只有"能者"才能"多劳"，领导的工作安排实际上是对你价值的肯定；如果你回到家里老婆喋喋不休父母唠唠叨叨，你也应该开心地面对，因为你已成了家中老少心灵上的支柱，是他们不可或缺的倾诉对象。

如果你无论在家里、在社会上还是在单位里都是一个处处受欢迎的人，那么，你应该为自己欢呼了，因为这表明，你不仅是"被"你的家庭所需要、"被"你的单位所需要，而且是"被"这个社会所需要的，你的价值得到了大家的充分认可，你没有白活，你是最幸福的！

如果你在公司做错了事或做不好工作挨骂，你千万不要沮丧，更不要记恨领导，相反，你应该感谢他，因为你"被挨骂"至少说明领导对你还存有希望，你还"被"领导所"需要"；如果哪一天你做错了事，领导连骂都不想骂你了，你才真的需要警觉了，因为其结果只有两种情况：一是你彻底进步并变完美了，领导找不到理由骂你了——而这种情况往往罕见；二是领导已经对你彻底绝望了，不会再信任你了，你离"完蛋"也不远了。

"被需要"是幸福的。当你看到众多在大街上游荡为找工作发愁的人们时，你应该为自己有一份稳定的工作而庆幸，因为你"被需要"了。你"被需要"了，也就意味着你的价值得到了企业初步的认可，你"被"赋予了一个不断提升自己、实现人生理想的机会和平台。可很多年轻人并不懂得这个道理，他们认为只有"我的需要"被满足才是幸福的，所以很不珍惜这种"被需要"的机会，还没干出业绩来就希望公司加薪、晋升，一不顺心就跳槽，殊不知其价值也在不断地跳槽中渐渐流失。

做一个幸福的人，从"被需要"开始。"能力越大，责任越大"，蜘蛛侠把他人的需要当成了一种责任，因为他明白，城市里被欺凌的人需要他；因为他明白，只要有邪恶，就会有人需要他。你也想成为蜘蛛侠一样的超人吗？那么，当别人需要你的时候，就竭尽全力助别人一臂之力吧！

幸福就是手中有事可做

无所事事是一种百无聊赖的状态，有事可做，意味着社会需要你，意味着你人生的价值有得以体现的机会。全身心地投入某件事情，是生命积极的状态。

大哲学家罗素对工作与幸福的关系分析得很透彻：过量工作总是令人非常痛苦的，但即使是乏味的工作也有很多的益处，它可以帮你消磨掉很多时间，而你不必费心考虑每天需要干些什么；因此，较明智的富有的男士会像贫穷时一样努力地工作，而那些富有的女士把大部分时间都花在无数鸡毛蒜皮的小事上，并深信这些琐事的意义重大。

有事可做，让自己的内心充实，无疑是享受幸福的前提。

一个蛋糕师买彩票中了大奖。自从中奖之后，他放弃了工作，每天挥霍无度，奢侈地生活，但他发现，自己越来越不快乐。

幸福在哪里呢？他思索了好久，最后他又重新回到蛋糕房，做起了搁置好久的工作，而且每天工作12个小时以上。他说："这样的生活使自己每天都感觉很充实、很快乐。"

原来幸福就是让自己的生活变得充实。幸福是什么？美食不是幸福，只有吃饱饭之后的满足感才可能是我们的幸福；有钱不是幸福，只有拥有金钱的成就感才可能成为我们的幸福；工作不是幸福，只有工作带来的愉悦感才可能成为我们的幸福。

人毕竟是高级动物，不是仅仅吃饱、喝足、穿暖就会感到幸福的。马斯洛的五大需求理论告诉我们，一个人除了生理上的需求、安全上的需求、情感和归属的需求以外，还有尊重的需求和自我实现的需求。

也就是说，幸福并不是有吃有喝那么简单，一个人想幸福总要有事可做，而且做完了还要有人夸奖。所以，有时就算我们工作很忙，但只要生活充实，可以实现自我价值，我们就会在精神上感受到幸福的滋味。

生活中，人最恐惧的是心灵的荒芜，人活的就是一个"精、气、神"，亦即精力旺盛、气量宏大、神态饱满，如果整天无事可做，不能发挥自己的能力，无从实现自己的价值，整个人就会觉得内心空落落的。所以，幸福是什么？对有些人来说，幸福就是找点儿有意义的事做。

无事可做的精神折磨是令人难以忍受的。

某人死后，灵魂被带到一个美丽、丰硕的地方，在那里他要啥有啥，就是没有什么事可做。刚开始，这个人还挺开心，不久他就厌倦了这样的生活，提出要到地狱看看。结果看门的人告诉他："你以为这是哪儿？这儿就是地狱。"

令人深受启发的小故事多是对现实生活的巧妙折射。生活中，我们如何才能找到幸福呢？我们应该努力充实自己的精神世界，以积极的态度投身于现实生活，在社会实践中赢得学业成绩、工作业绩、家庭亲情、朋友情谊。我觉得，一个人唯有如此才能让自己的精神世界充满自豪感、成就感、快乐感、希望感和依托感，也唯有如此，我们才能获得一种精神上的充实感，才能真正感受到幸福的存在。

为社会做点儿有益的事也是一种幸福

以色列的农民们，每当庄稼成熟时，靠近路边的庄稼地四个角落都要留出一部分不予收割，当地人对这一现象解释说，那是为了一些路过此地而没有饭吃的贫苦路人给予的方便，同时还防止他们因贫困和长途跋涉而吃不饱饭。他们认为，生活的幸福并不是尽情享受自己的劳动果实，而是把成果留给真正需要的人。

看完这个故事，你的心中是否也有一种甜甜的感觉。

如果生命是一块麦地，我们每个人身上都应留出一些庄稼，当你自信时，匀些自信给人生失意的人；当你幸福时，留些快乐给默默关心你的人。这样即便是在万木萧条的季节中，我们身边也总是融融春意和香醇如酒的芬芳，因为我们在奉献的同时也幸福着、快乐着。

幸福是什么？幸福的含意有多深，谁可以真正实现幸福的价值？答案是，以色列人们做到了，他们用行动为生活加上了真正有质量的幸福，他们用行动真正实现了幸福的价值。

2008 年 3 月，中央电视台在"二十位中国杰出母亲颁奖晚会"上播出这么一位女教师：她叫刘霞，甘肃省一个偏远山区的小学女教师。当年她长得漂亮，人又聪明，中学时的成绩很优秀，完全可以通过高考考上大学而离开落后的山区，可是她却选择了在家乡当教师。她说，她不是在做秀，而是为了报答生她养她的家乡。就这样，她放弃了上大学的机会，在山区小学一干就是 20 多年。当主持人问她现在的感想时，她说："每当我看到我的学生幸福的笑脸，每当听见学生们叫我一声'老师好'的时候，我就觉得自己是最幸福的人！"

刘霞无疑是幸福的人，她的幸福在付出的同时得到了社会的认可和自身价值的实现，这样的幸福如此简单又何其珍贵！

付出是幸福的必要条件

经济学告诉我们，生活就是交易。在职场，我们和老板进行交易，我们付出劳力，获得劳动所得；恋爱中，我们付出情感，换回对方的情感——这是失恋痛苦的经济学根源：只有付出，没有回报，自然使人伤心；房产中介的工作人员促成我们购买住房而付出的精力和时间成本，所以他们获得了我们付出的佣金。生活的交易真相告诉我们：要想得到回报，就意味着必定有付出。

从前，有一位国王，爱民如子，在他的英明领导下，人民丰衣足食，安居乐业。深谋远虑的国王却担心当他死后，人民是不是也能过着幸福的日子，于是他招集了国内所有贤士，命令他们找一个能确保人民生活永远幸福的法则。

3个月后，这帮贤士把三本三尺厚的帛书呈上给国王，说："国王陛下，天下的知识都汇集在这三本书内。只要人民读完它，就能确保他们的生活无忧了。"

国王不以为然，因为他认为人民生性驽钝，不会花那么多时间去看书。所以他再命令这帮贤士继续钻研。

又过了3个月，贤士们把三本简化成一本。国王还是不满意。

又过了3个月，贤士们把一张纸呈给国王。

国王看后非常满意地说："很好，只要我的人民都能奉行这宝贵的智慧，我相信他们一定能过上富裕幸福的生活。"说完后便重重地奖赏了这帮贤士。

这张纸上只写了一句话：天下没有免费的午餐。

免费的概念和付出相对应。假设在一个丰裕理想的伊甸园里，所有的物品都实行免费，仿佛沙漠中的沙子和大海里的水，所有的价格也都因此变成了"零"，市场也因此变得可有可无。在这个环境中，经济学当然也就不再是一个有用的学科。同时，因为免费获得，人们不再对任何事物怀有期望，从而丧失了因为获得而产生的幸福感。

但是，现实不是伊甸园和乌托邦，而是一个到处都充满交易的世界。相对于需求而言，物品和劳务总是有限的，它通常需要支付一定的价格才能获取。由此推及到人们对幸福的认知：幸福不是空气，不是风，不会毫无根据地被某些人拥有；只有在付出了足以换回幸福的成本时，幸福才会出现在我们的内心感觉之中。

由此，我们得出的结论是：付出成为获得幸福的条件。因为我们不能得到我们想要的东西，所以我们不得不有所取舍。但是，使用时间、能力、精力等资源完成某种事情的同时，就会减少它们在完成其他事情上的供给。这正符合了那些贤士写给国王的结论：天下没有免费的午餐。许多幼儿餐厅打出的广告是小孩免费享用美食，但是陪同前来的成人必须用餐。小孩在幸福地挑选他所喜欢的食物的时候，大人们却不得不为自己的食物付出高于外面同类餐厅价格的成本。

因为没有免费的午餐，我们必须牺牲一些有价值的东西去换回一些东西，这种牺牲就是我们付出的成本。我们做任何一件事情都会有成本。当我们换回的东西，比如美女、财富、地位、尊重感、自我价值的实现，等等，这些能够使我们产生满足，获得快乐，感觉幸福，那就是我们获得了幸福，但这种幸福的获得以付出为前提，只不过很多时候，我们不自觉地在享受幸福，而忽视了对成本的计算和追究。

换个角度来考虑幸福的来源，假如一般人认为的幸福是拥有多于别人的财富、娶个貌似天仙的老婆、占有显赫地位，那么，假定我们在没有任何付出的情况下，获得了这些东西，我们会觉得幸福吗？也就是说，我们不劳而获，并且比别人拥有的更多，甚至到了让别人羡慕的地步，财富、美女和地位能够给我们幸福感吗？

生活是平等的，我们不要害怕付出，不要吝于付出，我们给予别人微笑，就会有可能收获别人对我们的微笑；我们对别人施以仇恨，别人就会回馈我们仇恨；我们对别人展示关爱，别人就会回报我们关爱，只有在先"付出"的前提下，在概率上说，最有可能收获别人同样的"付出"。所以，我们想要获得幸福，就先"付出"幸福。在帮助他人的同时，我们也会得到相应的回报和享受到生活的幸福。付出是获得幸福的必须条件，是幸福之源。

第二章　与其抱怨不如行动
——抱怨让幸福离家出走

抱怨让你忽略身边的幸福

生活中，很多时候我们不正像那位诗人一样吗？明明拥有了很多，却对自己身边的幸福视而不见，还在苦苦寻觅所谓的幸福与快乐。其实生活就是这样，它在无形中就已经给了我们必须的东西，是追逐的目光和抱怨的心理使我们不懂得驻足欣赏我们已经拥有的幸福。当一切失去时，才蓦然发现它的珍贵。

艺术大师罗丹说过："生活中并不缺少美，只是缺少发现美的眼睛。"其实，幸福又何尝不是如此，我们的身边不是缺少幸福，而是缺少了感触幸福的心。处在当今社会中，每个人的脚步都变得越来越忙碌，很多人的眼光都变得越来越势利，人们忙着追求，忙着索取，直至失却了沉静的本能，成为物质的奴隶。

也许有人会说，有谁愿意抱怨啊？你是不了解我的痛苦！确实，生命的苦旅中有无数艰难险阻，甚至让人难以承受。但是抱怨又能怎样呢？而且当你看完了下面的故事，相信大多数人都会明白，我们甚至没有抱怨的资格！

2004年5月的一个晚上，在12000余名听众雷鸣般的掌声中，一位"半身人"用双掌撑地，一步步地走上了青岛天泰体育场的主席台。

这个半身人来自澳大利亚，名叫约翰·库缇斯，天生没有下肢，但是他却用双掌走遍了世界上190多个国家和地区，被誉为"世界上最著名的残疾人演讲大师"。此外，他还是大洋洲的残疾人网球赛的冠军，是游泳健将，甚至会用两只手开汽车。

"大家好！"打过招呼，库缇斯拿起了桌子上的矿泉水瓶子，边比画边说："从一出生我就是个悲剧，当时我只有矿泉水瓶这么大，两腿畸形，医生断言我活不过当天，可我活到了现在，35岁的我依然健在，而且经常在世界各地旅行……"

库缇斯一口气讲了半个小时，其间，观众们的掌声几乎就没停过。最后，库缇斯突然举起手里的一件东西说："我非常感谢青岛朋友的热情招待，我住的宾馆条件非常好，但有一样东西让我不知所措，服务生却每天都会把它放在我的床头。"说完，库缇斯把他说的东西扔向了听众席，原来是一双一次性拖鞋。

听众席一片肃静。

"如果你能穿拖鞋的话，你是幸运的，你是没资格抱怨的！不是每个人都能够穿拖鞋的！"库缇斯大声说。听众席上立即爆发出一连串的喝彩声，紧接着是长久的掌声。

哲人说："苦海即是天堂，天堂也即苦海。"想想真是如此，有时候我们明明生活在天堂，却总是觉得自己苦不堪言；而我们意识当中的苦海，却有很多人生活得不亦乐乎。这一切，其实都源自于我们的心态是否平和，我们是否足够坚强。最后再问一句：和库缇斯相比，你有没有资格抱怨？如果没有，还是及早放弃抱怨，学会珍惜吧！只要抛开那些无谓的烦恼和杂念，学着去适应、去发现、去感受、去改变，你一定会摆脱抱怨的束缚，发掘到幸福、快乐的真谛。

抱怨是谋杀幸福的病毒

上帝是慷慨的，每天零点都会准时给我们开一张 24 小时的时间支票，你有权使用它，但无权占有它。你可以通过努力把这张支票变为成功与快乐，但如果只是一味地抱怨，这张支票就会变为失败与痛苦。抱怨可以使人身心放松，发泄不满，得到暂时的心理平衡。用抱怨解决问题没有任何意义和价值。并且，抱怨过后，你会变得更加痛苦，更加没有勇气。如果一个人用抱怨来发泄，并以此求得心理上的平衡。就如同寒冬里用热水来温暖自己一样，得到短暂的温暖，之后很快就会受到更严酷、更寒冷的折磨。

有一个人被歹徒抢劫，并且受了伤。他觉得自己太无辜了，上天对自己太不公平了。于是，每次亲友来探望他时，他都会把已经结痂的伤口揭开，向人们讲述他的悲惨遭遇，看望他的人都会痛心地抚摸他的伤口，说一些安慰的话。后来，这个人的伤口感染了，但他仍然没有改掉揭开伤口向人抱怨的毛病，结果病情越来越严重，终于，这个人在心理与身体的双重痛苦中离开了人世。

这个故事所展示的就是抱怨的全部作用与意义。人生在世不能事事如意，该面对的总是要面对，该承担的也总是要承担，一味地抱怨无济于事，只会给自己添堵。

14 年前，品学兼优的小莉大学毕业后进了一家国企。虽然是国企，但是效益并不好，始终徘徊在倒闭的边缘。她每天忧心忡忡地抱怨："为什么我这样的'天之骄子'一毕业就要面临下岗的危险？"后来，她跳槽到一家刚成立的民营企业，又有了新的牢骚："工资怎么这么低？"再后来，她再次跳槽，成了风光无限的外企高管，但依然怨气冲天："待遇是不错，可压力也大呀！那么多人盯着我的位子，我必须一刻也不能放松，连结婚生孩子的时间都没有！"

与小莉不同，依琳则是为了错综复杂的人际关系而烦。依琳在某机关单位的工会工作，常常要与各部门打交道。刚到单位不久，她就发现这里人浮于事，部门之间关系复杂微妙，安排下去的工作很难落实，最后任务完不成，过错总是落在自己身上。"唉，工作实在是太难做了！"这句话成了她的口头禅。

数据表明，随着竞争压力的增大，"牢骚族"的数目也变得异常庞大。一项关于职场人抱怨状况的调查显示，近9成职场人每天都会发出抱怨。其中，65.7%的人每天抱怨1～5次，13.8%的人每天抱怨6～10次，4.8%的人每天抱怨20次以上，只有11.2%的人表示自己"从来不抱怨"。

无可否认，每个人都有牢骚。生活中的抱怨大多来自所得与所付的失衡、自我价值的实现受阻、人际关系的受挫。

调查显示，74.7%的人表示自己的抱怨主要是为了发泄内心的苦闷，而希望通过抱怨解决问题的比例为36.2%。专家认为，日常工作中充斥着一个个矛盾，需要凭借自己的能力和努力去解决、协调。在这个过程中，一旦无法达到内心的平衡，抱怨就会随口而出或者在脑海中闪现，当这种矛盾积累到无法疏解的时候，会发现自己真的成了"祥林嫂"。

抱怨是一种病毒，但你身边的人总是在抱怨领导的苛刻，同事的不友好，于是，你也会对原本满意的生活和工作充满了排斥。因此，工作生活中想要得到幸福就要尽量避开那些喜欢抱怨的人。

不抱怨是一种智慧

在生活中，我们的身边充满了各种各样的抱怨：抱怨孩子不懂事，抱怨家人不体谅自己，抱怨付出多、薪水低，抱怨上级不公平，抱怨公司制度不合理，抱怨人生不如意……有的抱怨是我们说给别人听的，有的抱怨是别人说给我们听的。但是，几乎没有人抱怨过自己：我为什么会有这么多的抱怨呢？

抱怨就像思维的一种慢性毒药。在我们的大脑中毒的同时，我们的人生态度、行动被"抱怨"这种强烈的病毒感染。在抱怨的生活中，我们的意志不断受到消磨，就像可以"溃堤"的蚂蚁一样，精神之堤瞬间被生活的洪水化为乌有。

我们就像陷入了抱怨的泥潭，无法自拔……在抱怨中找不到灵魂的出路，囿于抱怨的牢房，不知道如何走出抱怨的世界，给自己一个完美的世界。

葡萄牙作家费尔南多·佩索阿说："真正的景观是我们自己创造的，因为我们是它们的上帝。我对世界七大洲的任何地方既没有兴趣，也没有真正去看过。我游历我自己的第八大洲。"就像费尔南多·佩索阿说的那样，在生活中，我们才是自己的上帝，我们在创造自己的完美世界。

抱怨还是一种消极的行为方式，因为抱怨表达的是消极信息：挑剔、不满、埋怨、懊悔、烦恼、愤怒等等，人在抱怨之后并不是轻松了，而是更生气了，而且不仅自己生气，周围的人也跟着不高兴。心理学研究表明，消极情绪会造成免疫力下降，时间长了就容易生病。相反，积极情绪会提高人的免疫力。消极情绪就像黑暗，而积极情绪才是阳光。

抱怨是最消耗能量的无益举动。有时候，我们不仅会针对人，也会针对不同的生活情境表示不满；如果找不到人倾听我们的抱怨，我们还会在脑海里抱怨给自己听。神奇"不抱怨"运动，来得恰是时候，正是我们现代人最需要的。我们可以这样看，天下只有三种事：我的事，他的事，老天的事。抱怨自己的人，应该试着学习接纳自己；抱怨他人的人，应该试着把抱怨转成请求；抱怨老天的人，请试着用祈祷的方式来诉求你的愿望。这样一来，你的生活会有想象不到的大转变，你的人生也会更加美好、圆满。

不抱怨是一种智慧，因为你会发现，只有我们才是拯救自己的上帝。远离抱怨的世界，我们才能在自己生活的原点改变自我，发现一个全新的自己，从而改变自己的命运，收获成功的喜悦和幸福的生活。

没有一成不变，抱怨不如接受

生活总是在不断地变化着，不管你愿意不愿意。即使你不接受变化，事实也不会因你的意愿而改变。变化、成长是必然的，因为生活的目的就在于此。

吉米家的浴缸里养着4条小金鱼，这是父母送给他的生日礼物。吉米很喜欢这4条金鱼，只要一有时间就站在旁边看小金鱼。

有一天，他发现鱼缸中的水看上去很混浊，玻璃上覆盖着一层膜。吉米告诉了母亲，母亲说，这是很自然的——金鱼缸需要清理了。

吉米看过好朋友怎样清洁鱼缸，于是，他往洗澡的浴缸里放了一池冷水，然后轻轻地放低鱼缸，直到4条金鱼游出肮脏的鱼缸里的水，游进了浴缸里。

接下来，吉米开始擦洗玻璃鱼缸，直到把它擦得明亮为止。

但是，当吉米跪在浴缸旁查看他的金鱼时，他看到了一个奇怪的现象：即使是在4英尺长、3英尺宽的浴缸里，4条小金鱼始终在吉米原来放置它们的那一小圈里游。

"妈妈，快来看金鱼！"吉米大叫。

妈妈好奇地走进浴室，不知道吉米在嚷什么。

"为什么金鱼总在这一个小圈里游，而不在整个浴缸呢？"吉米问。

吉米的妈妈微笑着回答说："因为它们不知道它们在浴缸

里，它们认为它们还是在之前那个的小玻璃缸里呢，它们已经习惯了。"

故事很简单。其实，我们很多人就如同吉米的那些小金鱼一样，虽然我们也有变化的机会，但我们还是决定原地不动，还是在我们的小圈圈里生活。我们总是会选择自己所熟悉的环境，而不是生疏的环境。

然而，世界上没有一成不变，环境总会改变，人也总是会变。

有的人总是喜欢计划，为自己计划着下一步要做什么，其"无知"永远都无法跟上"变化"的脚步。很多人曾经为了自己的"计划"费尽心力。殊不知，"变化"也就被这样无情地扼杀掉了。

我们为什么对发生在自己身上和周围人的一切变化难以忍受呢？是因为抗拒变化，让我们一直活在假象的谎言中还是因为害怕"变化"，从而使得我们快乐不起来呢？

人应该学会在变化中成长，人应该勇敢地面对新的变化给自己带来的变革和挑战，学会在不确定性中努力适应，因为变化会使自己更加觉醒、更加成熟、更加自信！

一个朋友因为女儿的残疾而痛苦不堪，那个时候，她一味地沉浸在痛苦之中，没有注意到任何生活中美丽的地方，只觉得女儿很不幸，她的生活也非常不幸。当她走出这个抱怨的怪圈，获得了内心的解放时，她才渐渐地体会到生活中一般人经历不到的温暖。

其实，人们对变化感到恐惧甚至痛苦是很自然的反应，因为这意味着我们要从舒适区跳出来，要暂时脱离那种熟悉的环境所带给我们的安全感。比如，从从来不想向你的丈夫表达你的感觉，到告诉他你的感觉；从一个低调的雇员，变成肩负着更多责任的公司老板；从一个腼腆安静的人，变为一个主动和别人交往的人；从一个上中学以来就梳一个发型的人，到做一个完全和以前不一样的造型。

我们要明白，如果我们拒绝变化，那么这将会贬低自己的成长。变化对成长是必要的、不可避免的。成长的机械性是变化的过程，简单地说，如果成长是你想旅行的路，那么变化就是从一个地方到另一个地方的交通工具。虽然旅途不见得是舒适的，但并不意味着你就该从车上下来。

生活总是在不断地变化着，有的人会不断地创造幸福，而有的人明明幸福就在身边，却毫无察觉。如果每个人都勇于接受变化，快乐地情愿地变化，就会感受到变化带来的幸福。

抱怨是对自己的失责

抱怨是对自己的一种失责。日常生活中我们听到的抱怨有层次高低之分。有人把抱怨分为低级抱怨、高级抱怨和超级抱怨。所谓低级抱怨，是指因为基本的生存需要得不到满足而产生的抱怨，比如工资不够高、生活很劳累、工作环境恶劣等等；高级抱怨则涉及到人的自我尊重和自我价值的肯定等问题，比如自己没有得到领导的肯定，没有发挥能力的机会、自己的付出得不到家人的认同等等；超级抱怨往往是对整体环境而言的，比如对于整个社会正义的期待等，抱怨者往往有一种忧患人世的危机感，抱怨社会并不像他所想象的那般美好。

在温饱已不成问题、社会飞速发展的今天，我们见到的多是其中的高级抱怨和超级抱怨，这些抱怨一般指向家庭和工作上的不满，而抱怨者又以女性居多。

"我哪点比她差？她的长相不如我，身材不如我，工作也不如我，为什么他会看上她，真是气人。"

"你看，我和她都是做一样的工作，我们的业绩都是不相上下，而我的资历还比她老，凭什么提拔她做经理？"

"看人家爱丽丝，都已经开上豪华跑车了，可是我呢，什么都没有，你和她老公是同学，你怎么就差别人那么远呢？"

"为了这个家我付出了多少啊，每天都操劳这操劳那的，到头来你却说我不够体贴温柔，这日子没法过了。"

其实，很多人的抱怨是来自自己的不独立，由于从小受到传统观念的熏陶，我们既渴望生活带给我们发现自我和实现自我的机会，以维护自己的尊严，又不愿意承担过多的责任，害怕承担责任产生的紧张、压力和不稳定。我们常常把自己的幸福寄托在别人的身上，当别人无法给自己带来满足，就会大大折损我们的幸福感，于是就开始抱怨别人、抱怨生活。

抱怨其实是怯弱无能的表现。凡是有能力的人，无论遇到困难，还是陷入不利的境遇，总是能冷静地考虑对策，依靠自己的努力征服困难，扭转被动局面；而懦弱无能的人，碰到一点儿小小的困难都会束手无策。既然没法依靠自己的力量和智慧去战胜困难，于是就免不了怨天尤人，牢骚满腹。

美国心理学家艾利斯说："生命中最幸福的时刻，就是你认清自己该担负责任的时刻；你不会再责怪你的母亲、大自然或者总统，你开始了解自己才是命运的主宰。"种种抱怨都来自于对他人的过分依赖，过于看重别人的态度，而忽视了自己的感受。

每个人都要对自己的人生负责，人生中的各种滋味，只有自己才能品尝，人生中的成功和快乐，只有自己能找到。遇到烦恼的事情，无须怨天尤人，不要把失意与挫败归咎于不幸的童年、教育的不当、家庭的贫穷或老天爷不开眼，那些因素只是诱发烦恼的外因，而自身的个性心理弱点才是导致烦恼的根本原因。依赖的心理如同一张无形的罗网束缚着人们的心灵，勇敢地迈出了第一步，勇敢地为自己的行为负责，要知道当你对自己的行为负责时，才会让你找到理想的解决方案，你所抱怨的事情也才会纷纷化解，抱怨也才能远离你。当然，你的生命也会因为有了这样的历炼而丰富美丽。

抱怨就是蒙上了幸福的眼睛

抱怨是最消耗能量的无益举动。有时候，我们的抱怨不仅会针对人，还会针对不同的生活情境，表示我们的不满。是的，生活有不少的烦心事。不仅仅外部环境让我们抱怨，我们还不断地抱怨我们自己。比如时间不够用，钱不够花，不够聪明、不够冷静，反正什么看上去都不够好。

但是，这些抱怨有用吗？抱怨改变了原本的状况吗？

有一则古老的寓言，或许可以给我们一些启示。

有一个年轻的农夫，划着小船给另一个村子的居民运送自家的农产品。那天的天气酷热难耐，农夫汗流浃背，苦不堪言。他心急火燎地划着小船，希望赶紧完成运送任务，以便在天黑之前能返回家中。突然，农夫发现前面有一只小船沿河而下，迎面向自己快速驶来。眼见着两只船就要撞上了，但那只船并没有丝毫避让的意思，似乎是有意要撞翻农夫的小船。

"让开，快点儿让开！你这个白痴！"农夫大声地向对面的船吼叫道，"再不让开你就要撞上我了！"但农夫的吼叫完全没用，尽管农夫手忙脚乱地企图让开水道，但为时已晚，那只船还是重重地撞上了他的船。农夫被激怒了，他厉声斥责道："你会不会驾船，这么宽的河面，你竟然撞到了我的船上？！"当农夫怒目审视对方的小船时，他吃惊地发现，小船上空无一人。听他大呼小叫，厉言斥骂的只是一只挣脱了绳索、顺河漂流的空船。

在多数情况下，当你责难、怒吼的时候，你的听众或许只是一艘空船。那个一再惹怒你的人，决不会因为你的斥责而改变他的航向。

当然，你完全不必去讨好这个人，也没必要和他达成一致意见，甚至你继续厌烦他也都无妨。但你一定要清楚，不能让他制造的麻烦转而成为你的烦恼。无论你为此多么愤怒，他不会为你而失眠的。如果因为他的过错而使你陷入无尽的烦闷悲伤之中，你就成了唯一的一个受到伤害的人，而且，是你自己在强化这种伤害的深度和长度。

以下是停止抱怨的两个有效步骤：

（1）当意识到你在抱怨或是无谓的批评时（包括对他人的评判），应该马上停止自己的抱怨。

（2）想想你为什么要抱怨。抱怨这件事是你可以改正的吗？如果可以，那就开始改正。如果无能为力，那为它生气也是白费力，学会以平常心对待。

摘掉抱怨的 "愁帽"

一个国际研究组织曾经对 25 个经济发达国家进行过一项题为"你是否每天都感到快乐"的调查。调查结果显示：60％以上的人的回答都是否定的，其中 20％的人觉得自己"每天都不快乐"，而有 60％的人都生活在抱怨中。

你的喜好就是你的方向，你的特长就是你的资本，你的性格就是你的命运。每个人有每个人理想的乐园，有自己所乐于安享的世界。如果很久了，只是人们领会不到罢了。

有一个身患侏儒症的年轻人，身体比一般人矮小，行动也很不便。生活无法自理，加之从小父母双亡成了孤儿。在世人的眼里，他就是世界上最不幸的人，但是他却没有丝毫悲观的想法，对生活仍然充满了希望和热忱，有着远大的目标。他凭着自己坚强的意志和刚强的毅力学会了打字和文学创作，凭着自己的双手和智慧开始了创业之路，最终过上了幸福的生活，实现了他的人生价值。

这个残疾的年轻人不像其他人有着那么多遥不可及的愿望，

他只是靠着自己勤劳的双手能够维持生活就觉得很幸福了。

的确是这样，只要每个人都坚持健康的心态，乐观地对待每一件事情，淡泊明志、清静寡欲，怎么可能找不到幸福呢？身残之人，有一个健康的身体就觉得很幸福；口渴之人，有一杯水就感到很幸福；饥饿之人，有一碗饭吃就觉得很幸福；在夜晚行走的人，有一线灯光就会感到幸福；寒冷之人，觉得有一盆火就感到幸福；炎热的夏天，有一缕凉风就觉得很幸福……他们之所以能感受到幸福，就是因为他们的愿望很渺小。就像恋人之间的相处，一开始都很开心，是因为关系还不亲密，等到相处了一段时间后，关系近了，要求多了，烦恼也就来了。所以凡事都要求得少一些，经常对自己说"我已经很好了"，幸福就会多一些。

用心生活，幸福在眼前

有一只蚂蚁非常向往宽阔的马路，它在马路上悠闲自得地散步，完全不知道自己处在车轮下的危险性。上帝看到了这只可怜的小蚂蚁，动了恻隐之心，就用一场风把这只小蚂蚁吹到了路边的草丛里。小蚂蚁对此感到非常沮丧和无奈，并且一直抱怨这场破坏了自己快乐的风。

仔细想想，不难发现其实很多人在命运的面前就像那只习惯了抱怨的蚂蚁，人们向往着自以为是的幸福，埋怨命运不能让自己如愿以偿，有时候会把自己置身于另外一条痛苦的道路上去。于是开始诅咒和抱怨命运，怨恨人生中的挫折和苦难，把这些苦难视作大祸，可是又有谁可以像塞翁那样理解苦难的真实意义，又有多少人会去感恩呢？古人云：人生在世，不如意事常有八九。苦难之事充满了你的生活，但是这一切并不可怕，可怕的反而是你面对事物的心态。是感恩还是抱怨，这才是你的生活快乐与否的决定性因素。

在一座大山上有一所小寺庙，庙里住着一个老和尚和一个小和尚。

有一天，来了一个达官贵人，为这个小寺庙捐了很多财物，他在庙里住了一段时间，得到了老和尚和小和尚的热情款待。在他离开不久后，又来了一个书生。

这个书生衣衫褴褛、面黄肌瘦，饿得晕倒在庙门口。老和尚看见后，让小和尚把他扶到庙里，和上一个贵人一样端上最好的茶，准备了最好的斋饭。

小和尚心里开始抱怨起来，那个达官贵人为我们庙里捐了那么多的财物，自然有资格喝最好的茶，吃最好的斋饭，但是现在这个人不知道是从哪儿来的"叫花子"，师父竟然还这样厚待他，真是老糊涂了。书生住在庙里的这段时间，小和尚一直没有给他好脸色看，有时候趁着师父不注意，还把已经馊掉的斋饭端出来给他吃，还不给他吃饱。书生离开以后，老和尚用泥巴塑了一个菩萨，放在庙堂的正中央，对小和尚说这是庙里新请来的菩萨。

小和尚每天都认真地给菩萨上香、叩头、虔诚地念经。

一个月后，老和尚又把那尊泥菩萨削琢成一只猴子放在庙堂中央。小和尚觉得菩萨变成了一只猴子，吃了一惊，然后几天都没有上香。老和尚问他："你怎么不去上香了？""师父，那菩萨变成了一只猴子。"小和尚说。

老和尚把那只猴子拿过来再次削琢，一尊菩萨又出现在小和尚的面前，小和尚呆呆地望着师父，不知道这是什么意思。

老和尚用棍子在小和尚的头上轻轻地敲了一下，慢慢念经，不再理会他。

这一敲打顿时使小和尚醒悟过来，他说："师父，我终于明白了。其实我们每个人的生命就像这团泥，都是一样的，只是塑造了不同的表象罢了，而我之所以对达官贵人谦恭，对落魄的书生无礼，都是被表象所迷惑了啊。"

老和尚笑了："其实，认识到平淡却奇妙得可以捏塑出各种形象的生命之泥，才是生命赐予我们最大的意义。"

生活有时候会和人们开一个大玩笑，所有的事情，例如机遇、情感、成功、幸福、团圆……它们都看似是"菩萨"，但它们并不等同于"菩萨"。如果把人生的苦难和幸福分置到天平的两端，苦难的体积则会很庞大，幸福可能只是一块小小的石头。但是，指针向哪一面倾斜，完全取决于你的人生态度，而非它的重量，所以不要被它的表象所迷惑了。

其实生活就是这样，当你带着一种功利性的理念去面对生活的时候，生活反而会给你一个不满意的结果，但是，当你抛开一切杂念和抱怨一心去对待生活的时候，生活自然会给你一个满意的答卷。实际上，幸福和金钱、权利、地位都没有直接的关系，只是你心灵的感受而已。就像毕淑敏所说的那样，当一无所有的时候也能够说，我很幸福，因为我们还有健康的身体。当我们不再享有健康的时候，那些最勇敢的人可以依然微笑着说，我很幸福，因为我还有一颗健康的心。甚至当我们连心也不再存在的时候，那些人类最优秀的分子仍旧可以对宇宙大声说，我很幸福，因为我曾经生活过。

幸福的法则是心想事成

约瑟夫·墨菲是哲学、神学、法学博士，在过去的半个世纪中，他在世界各地讲学，并写书立说，讲述人生的法则和生命的内在含义，是一位深受世人尊重的思想家和心理学家。作为一名著名的作家、心理学家和教育家，墨菲创造了"活用潜意识的愿望达成法"——心想事成法则。

墨菲作为牧师活跃于加利福尼亚州洛杉矶市的教堂。对于每个礼拜日前来做礼拜的教徒或听众来说，他们的乐趣不在于聆听牧师一成不变的说教布道亦或是神的教诲，而是精神法则，即基于潜意识理论衍生出的独特的人生教诲。

为什么这么说呢？因为墨菲的说教与之前的牧师有很多地方都不尽相同，墨菲告诉他们，发现问题、遭遇困境、郁郁不得志的时候，不是一味地尊听神的旨意，做无谓的祈祷，而是：

"这样思考、这样行动的话，就能扭转你的命运。"

"这样思考、这样行动的话，就能实现你的愿望。"

"这样思考、这样行动的话，就能自我实现。"

"这样思考、这样行动的话，就能得到你想要的东西。"

"这样思考、这样行动的话，就能改善你的人际关系。"

"这样思考、这样行动的话，就能结识到你理想的另一半。"

"这样思考、这样行动的话，就能构筑一个无比幸福美满的家庭。"

"这样思考、这样行动的话，就能成为百万富翁。"

像这样积极地去思考，积极地去行动才是至关重要的。墨菲说过："你衷心期盼的必将能够实现。"想要真正得到什么东西，最重要的莫过于思考方式。一个人实现愿望或取得成功的条件都取决于他的思考方式，即内心状态。

生活中阳光永远比乌云多

每个人都希望自己可以得到很多，却很少付出；每个人都想自己种植的小树长成参天大树，却总是忘记为它们施肥浇水；每个人都梦想自己能有一段称心如意的爱情，但总是在索取而非经营。所以，很多时候，你没有得到自己想要的并不是因为命运之神的捉弄，而是你走在一条不正确的路上。

有一位信徒在佛殿拜过佛之后，在花园里散步，碰巧遇到了园头（负责园艺的僧人）正埋头整理着园内的花花草草。只见他一把剪刀在手，此起彼落地把枝叶逐步剪去，或者把花草连根拔起，随手移植到另一个盆里，或者对一些已经枯萎的枝叶浇水施肥，给予花草特别的照顾。信徒很好奇地走过去问："园头禅师，照顾花草的时候，您为什么要将好的枝叶剪去，反倒给枯的枝干浇水施肥呢？而且还要从这一盆移到另一盆里？没有植物的土地，为什么要锄来锄去？有必要这么麻烦吗？"

园头禅师说："照顾花草和照顾人一样，就像教育你的子弟一样，怎么教育人，就应该怎么培育花草。"

信徒听了以后，不以为然地说："花草树木，怎么可以和人相比呢？"

园头禅师默默地说："照顾花草也是有规则的，首先，对于那些看似很繁茂却生长错乱的植物，一定要摘其杂叶，免得它们浪费不必要的养分，将来才可以发育得更好，就像扼杀年轻人嚣张的气焰，去其恶习使其走上正轨一样。其次，把花连根拔起放入另一盆中的主要目的是使植物离开贫瘠，接触到沃壤，就像让不良少年离开不良的环境，到另外的地方接触良师益友，取得更高的学问。再次，浇以枯枝，是因为那些植物的枯枝表面上看已经死去了，其实内在却蕴藏着无限的生机。不要觉得不良子弟都是无药可救的，要对他们有信心，要知道人性是善良的，只要悉心呵护，照顾得有条有理，就可以让其重生。最后，松动泥土是因为泥土中有种子等待着发芽，就像那些贫苦而有心向上的学生，要助他们一臂之力，才能让他们有更多的机会茁壮成长！"

信徒听了园头禅师的解释后欣喜地说："园头禅师，谢谢您给我上了一堂育才之课!"

　　只要换一种思维,坏事也可以变成好事,这就是生活。没有什么事情是绝对的,也没有什么事情是不可以改变的;也不要自以为是地认为"这是我的",没有什么东西必须是你的,也没有什么东西会一直在你身边。当你失去一样你觉得永远不会离开自己的东西时,你需要做的不是抱怨,而是找出问题的根源,让相同的错误不再犯第二次。

第三章　储备能量是积累幸福的资本
——幸福要靠学来保持

幸福，是可以通过学习和练习获得的

在当今社会上，相信每个人都想得到幸福，并且都无限地向往幸福，但是很少有人能解释幸福是什么？大多数人都认为幸福遥不可及，其实，幸福并不遥远，而且它就在我们身边，每个人都可以通过学习、建立新的方法和习惯来获得。

如果你想让自己生活得更加幸福，不妨在日常生活中学习并培养出好的习惯来。

首先，要确定自己的人生目标。著名的俄国作家列夫·托尔斯泰曾说过这样一段话："理想是指路的明灯。没有理想，就没有坚定的方向；没有方向，就没有生活。"我在后面加一句，其实生活本身就是为了追求幸福，那么没有了人生目标就没有了生活，没有了生活就没有了幸福。创造幸福的开端就是明确自己的人生目标。这个目标可以是你在工作中扮演某个重要角色，可以是你在宗教信仰中寻找情感上的避难所，可以是你在自己的事业中寻找的激情，可以是为一名家庭贫困的儿童资助直到他大学毕业，可以是在生活中尝试的一件新事物……无论哪一种方式，目的都是一样的，那就是让你投入到自己的人生目标中，这种投入会给你的生活带来幸福。

其次，我们需要学会释放心灵的自由。其实生活中最幸福的事就是自由，自由来自于简单的乐趣，随时随地都会出现在你面前。自由掌握在大自然手中，能被有心人所俘虏。事实上，自由就是花点时间在周围的事物上——夕阳西下，湖光潋滟，你和爱人十指紧扣，共同欣赏着这一切。敞开自己的心灵，好好享受这自由的时光，那意想不到的幸福自然也就会填满你的生活。

最后，我们需要培养的是我们的生活规律。

幸福的人从不把生活弄得一团糟，至少在思想上是条理清晰的，这有助于保持轻松的生活态度。他们会将一切收拾得条不紊，整齐而有序的生活让人感到自信，也让人更容易感到满足和快乐。

其实，幸福就这么简单！"日出东海落西山，愁也一天，喜也一天；遇事不钻牛角尖，人也舒坦，心也舒坦。"你如何度过一天，就将如何度过一生，习惯的力量就是这样巨大！要获得幸福，就要养成时刻在生活中寻找幸福的习惯。养成幸福的习惯就会用幸福的眼光看待亲人、朋友、同事；养成幸福的习惯，就会少些抱怨，多些理解和宽容；养成幸福的习惯，就会使自己的人生更加丰富、充实……幸福，基于人们后天的培养和努力。养成幸福的习惯，需不断地学习。

今天学习，明天欢笑

当今社会，知识更新已成时尚，学习是使自己立足于社会的关键因素之一。所谓"少壮不努力，老大徒伤悲"，达·芬奇也曾经善意地提醒年轻人："趁年轻力壮去探求知识吧，你将弥补由于年老而带来的亏损。读书带来的智慧乃是老年的精神养料。年轻时应该努力，这样老时才不至于空虚。"

孙正义20多岁的时候，得了一场大病，下不了病床，这一病就是两年，普通人一般会在这两年里静心休养，可是孙正义没有闲着，在生病的两年里，他天天专心阅读大量的书籍，两年下来，竟然读了2000多本各种书籍。可想而知，两年后的孙正义相比于两年前的他是有多么大的不同啊。这时的他，全身充满了力量。

病好了之后，他马不停蹄地选了10个自己最感兴趣的行业，然后又精选了一个自己做50年都不变的行业，就是现在的软件银行。

在他成立公司初期，孙正义雄心勃勃地站在一个苹果箱上向仅有的两名雇员发表演讲（孙正义个子不高，约1.6米左右）；5年内销售规模要达到100亿日元，10年达到500亿日元，若干年后，要使公司发展成为几兆亿日元，几万人规模的公司。孙正义的这番誓词，让公司的两名雇员目瞪口呆，他们认定，这个其貌不扬的矮子一定是个夸夸其谈、异想天开的家伙，很快，他们就辞职了。孙正义对此只是付之一笑。他似乎坚定地认为，任何人的成功，的确需要一点儿疯狂的想法和疯狂的举动，而这一切的依据，是这个人必须拥有大量的知识，和对自己事业坚定的信念。试想一下，在孙正义生病的两年里，如果他没有读那么多的书籍，丰富了自己的知识，他怎么有依据说那番话呢？

知识能使人睿智、明智；知识能激人奋发，促人上进；知识能给人以无穷的力量。富人的富有，不仅仅体现在他金钱上的富有，更重要的是体现在他知识上的富有。正是凭借着知识的力量，他们才能取得成功。

也正是由于孙正义在自己生病期间，还坚持努力学习，才使他的"明天"比一般人多了无数的欢笑。对于那些每日还在虚度时光，总幻想自己的明天有多么美好的人，还是少做点儿白日梦吧。"明天"属于自己的欢笑是要靠今天的学习来争取的。培根曾说过："知识就是力量。"知识能点燃一个人的智慧明灯。今天好好学习，明天会百事如意、自立自强，既有尊严又有幸福。今天虚度时光，明天就会悲叹不已。

幸福就是通过学习不断修正自己的方向

我们往往以为自己已经很成熟，找到了正确的方向，可以用正确的方法处理一切，驶向理想的彼岸。其实，这不过是幼稚的愿望。生活中，充斥着对与错、黑与白、美与丑、谎言与真相，它们之间的区别看似分明，事实上，情况并非如此简单。这些纠结着的混沌，往往使我们的航线一点一点偏离原来的方向。而人生是一个环环相扣的过程，一点点的偏离都可能导致一生的遗憾。这就需要我们不忘记初衷，时常修正自己的方向，珍视一点一滴的积累、进步，小心地呵护，这样才能确保驶过的每一里路程都不偏离理想的目标。

在学习的同时不要局限自己。世间成功的人总是凤毛麟角，那是因为业已习惯的环境限制了人的眼界，磨损了人的胆识。终止每天惯常做的事情，对他们而言，往往是一个可怕的折磨，以致终身逃脱不了一成不变的生活轨迹，在思维樊篱中虚掷了大好年华。人生的价值不完全在于你得到了什么，还在于你经历了什么。面对习惯的巨大力量，更需要突破自己，打破生活的陈规。应该经常跳出来，审视一下自己所做的事情，敢于到新的领域里去经历和体验新的东西，这种经历本身也是生活的一种收获。

学习如何感知幸福

幸福，从古至今，人们从来都在不断地追求和向往着。而生活本身的目的就是追求幸福、获得幸福，那么幸福到底是什么？很多人会回答是金钱。毫无疑问，金钱肯定是很重要的。当你还处在贫穷的时候，金钱对于你来说，当然是非常重要的，它可以解决你的温饱和基本的生活开支。这是在一个人还处在贫穷的时候，金钱对于他们来说，是幸福的。但是对于那些有钱人来说，他们衣食无忧，他们对于幸福的追求就脱离了金钱的轨道。这说明金钱的倍增并不能给人们带来相应的幸福。

国外的研究发现，百万富翁和街头的乞丐，感知幸福的比例差不多。

说明金钱并不是幸福。其实，幸福是人们在某个瞬间的感知。

比如，在吃饭的时候，你的妻子为你做了一道你最喜欢吃的菜，这时，你会感到很幸福；在冬天的时候，爱人为你披上一件棉衣，这时，你会感到很幸福；秋天，和自己最知心的朋友一起去野外野炊，这时，你会感到很幸福；夏天，在天气非常炎热的时候，而你在工作上又感觉很烦躁，这时，你的同事在你不经意间，给你一根冰凉的雪糕，这时，你会感到幸福；春天，和家人选个很好的地方，共同感受家庭的温馨。这时，你会感到幸福。

所以，属于你自己的幸福是需要你自己去感知的。平时发生在你身上的一些细小事物，需要你去细心体会和感知，你会发现，其实你很幸福。

有这样一则故事，西方有家都市报纸向社会广泛征集"谁是世界上最幸福的人"这个题目的答案，社会上纷纷来稿，踊跃参加。最后经过报纸的工作人员编辑、整理出四种人。

第一种最幸福的人：给孩子刚刚洗完澡，怀抱婴儿面带微笑的母亲。

第二种最幸福的人：给病人做完了一例成功手术，目送病人出院的医生。

第三种最幸福的人：在海滩上筑起了一座沙堡，望着自己劳动成果的顽童。

第四种最幸福的人：写完了小说最后一个字，画上了句号的作家。

很多人，看到此则结果，大跌眼镜，原来很多人都是幸福盲。

其实，感知幸福很简单，只要你为某件事情付出了大量的努力，在最后成功的一瞬间，你自然会感知无限的幸福。就像给病人做完了一例成功手术，目送病人出院的医生……

知识是感受和创造幸福的中介

从古至今，知识在人类社会中起着相当重要的作用，知识对人类的进化、进步，以及科学技术的发展都起着举足轻重的作用，知识也是幸福的源泉。

知识增强了人们通过合法途径实现自身发展的资本和信心。穷国和富国、穷人和富人之间的差距主要是知识的差距。一般情况下，受教育程度越高，自我生存和发展的能力越大，对社会的贡献也就越大，越容易获得幸福。知识不仅是创造幸福的媒介，而且提升着人们感受幸福的能力。人文道德等精神文化滋润着人的心灵，使人变得有品位且内心安宁，从而能够更深刻地感悟幸福。

我们很难断言，有知识、有文化、有教养的人一定比缺乏知识和文化教养的人幸福，但世界上绝大多数的人都会同意活着比死了好，健康比疾病好，自由比奴役好，富裕比贫穷好，教育比无知好，正义比非正义好；有知识、有文化比无知和没文化更容易达到幸福；接受高等教育的人比没有机会接受高等教育的人更有利于获得感受幸福和创造幸福的能力。

所以，我们要确信，知识的力量是强大的，它能使我们创造出自己的幸福。

我国的农业科学家袁隆平，他毕生深切地热爱着农业事业。希望自己能在水稻方面做出一些贡献。他通过自己不断的努力，再结合自己的亲身实践，终于研究出了杂交水稻，在水稻方面做出了杰出的贡献，被人尊称为"水稻之父"。

由此可见，幸福的实质是明确地知道自己的目标，同时他们也感受到自己正在稳步地向目标前进。这是以存在的完美为指向的幸福，是一个人自身潜能不断展开、创造力不断发挥、朝着自由全面发展的方向展开的一种生活的实在和对未来的憧憬。这就是幸福的实质。

所以说，知识是感受和创造幸福的中介。

学习能力是人的终身财富

人之所以为万物之灵，就在于比其他所有物种有更强的学习能力。学习能力不同，人生面貌也会迥然不同。一个人要成长，最重要的是要善于总结自己，反省自己，学习他人，弥补自己的缺点与不足。缺乏学习的能力，即使有再多的经验也不可能转变为生活的智慧，无法对生活有所促进。要想使璞玉变成华丽的宝石，需要不断的打磨；要想提升生命的价值，需要不懈的学习。不断提高学习的愿望、学习的毅力以及学习的能力，才是未来不断超越和升华自己的唯一途径。

对于人类个体而言，其竞争力更由学习能力所决定。这一点从生物进化的角度很容易理解——"物竞天择，适者生存"。资源的相对匮乏导致了激烈的生存竞争，变化的环境则决定"适者生存"的方向。学习即起源于人与不断变化的环境的互动之中，是人类主动获取经验和知识，以增进对环境（及竞争对手）的了解和应对能力，以期在生存竞争中胜出的行为。在环境急剧变化的条件下发生的竞争之中，更强的学习能力意味着环境中的个体能够更快、更好地适应环境、应对对手，也意味着个体在生存竞争中胜出的更大可能。

所谓的学习力，就是一个人学习的能力。学习力首先表现为对待学习的态度和意识，学习不仅是赖以生存的本领和手段，还是维持一个组织和企业基业长青的法宝。学习不仅要恐后，还要争先；学习力是一个人的学习方法和学习效率。当今，会不会学习已经变得尤为重要。在日趋激烈的竞争环境里，学习不仅要跟自己的过去比，还要跟竞争对手比；不仅要打败自己，还要超越对手。

在这个信息时时更新、生活瞬息万变的社会里，加强和提升学习力，才是获得幸福的基础。

教育能培养人创造幸福的能力

幸福，不仅是个人的追求与享受，幸福也是人与人之间"分享"的一种体验，是人们面向现实与未来的一种"给予"。只有为增进社会整体的幸福而拓展自己的生命活动，个体才能趋向于身心的完美。

个人幸福与社会幸福是共生、互动的关系，人不能只顾及自己的幸福，人的社会性要求它必须服从于社会的发展，但是，社会的发展却又是以个人幸福为目的的，但它并不以剥夺个人的幸福为代价，它同样要满足个人的幸福追求，它具有更大的普遍性。追求幸福是在社会中进行、在社会中实现的，人对幸福的追求与道德的义务是统一的，缺乏道德基础的幸福最终只能导致不幸。

追求幸福的初衷是好的，但并非人人都能在追求中得到幸福。原因是多方面的，但如果对幸福缺乏足够的认识，那么，极有可能出现对幸福的追求越追越远。

教育需要幸福，教育的过程是一个求真、求善、求美的过程。教育需要幸福的一个重要理由是求真、求善、求美的过程，是一个充满幸福的过程。

知识属于人的认识范畴，也属于人的幸福的一种中介性因素。知识的活力在于同人的思想联系到一起，只是参与人们的思想而成为行动的裁判者，起到辩明是非、善恶与美丑的作用。

认识世界包括人本身，是人的一种天性，这种天性使得人们对于未知的东西充满好奇，这种好奇心可以说是推动时代前进的一股重要力量。而我们的教育理应在满足学生的好奇心方面作出贡献。

"教育是人的灵魂的教育"，教育就是将历史上人类的精神内涵转化为当下生气勃勃的精神。在进行知识教育的同时，更应该重视道德的培养，我们人类需要用人文精神来指引前进的方向。教育不仅仅是为了发展一个人的个性，教育还要使得它培养出来的人能够对社会有所贡献。

追求善的过程之所以使人感到幸福的原因：求善会使人的内心安宁，也会使人得到别人的肯定和接纳。

教育联系劳动实践和各种社会实践，给人以多方面的知识和能力，促进人个性潜能的充分发挥，教育可以引导人主动追求、创造幸福，使每个人成为创造幸福生活的主人，在创造自己幸福生活的过程中享受幸福。

培养拥有幸福的好习惯

关于幸福，人们议论得很多。我们常常听见人们说："要是月薪再涨一点儿该多幸福啊。"或者是："只要他对我更好一些，我就会幸福的！"又抑或是："每天早上不用这么早起床我就很幸福了。"似乎人们对达到自己幸福的方法是那么清楚。可是同时我们又会看到：薪水很高的人似乎并不幸福，或者在涨薪的当天开心一下，然后就开始抱怨老板了，或者想得到更高的薪水；在情感中挣扎的人们似乎需要的越来越多，却总也不能感到开心；说着早上想多睡一会儿的人晚上却熬夜到两三点……

很久不见的朋友出现在我面前，从前的她也是将这几句话挂在嘴边，而常常露出愁眉苦脸的表情。可是当我见到她，发现她好像藏不住快乐似的。整整一天都被她的幸福感染着，最后终于忍不住问她："你最近遇到什么开心的事情了？"她疑惑了："什么事情？哦——我只是改变了作息习惯而已。"

原来如此！之前每天熬夜的她现在也开始早睡早起了，黑眼圈淡去，白天也有精神了许多，工作起来也得心应手了不少。她说以前每天晚上焦虑不已，睡不着可也没做什么事情，现在改变了习惯，奇怪的是以前焦虑的事情都烟消云散了。

看，幸福就是这么简单！把焦虑上网的时间用来睡觉，把打游戏的时间用来静心读一本好书，把没意思的应酬时间用来安安静静地写一封信给很久没联系的朋友，抑或画一幅可爱的涂鸦……这些习惯并没有想象中需要那么多的时间和精力，只需要每天 10 分钟，在你无聊、焦躁的时候，一个美好的习惯能够带给你宁静、专注和休息。

是的，良好的习惯能带你走向幸福。甚至一些更小的习惯也能改变你，试着每天在街上走路的时候抬起头，挺起胸，你会发现世界比想象中的更明亮、更丰富；试着对每个帮助你的人包括餐厅服务员清晰地说声"谢谢"，你会发现他们的笑容能让你开心好一会儿；试着对每个人微笑，甚至是偶尔对你不满意的人，你会收获坦然与宽容；试着每天写日记，你会发现写出来的不快乐的事情越来越少，快乐的事情越来越多；试着在你身边的他出门或回家时送他一个温暖的吻，你会发现他回报你更多。每一个细小的习惯，都会给你的生活带来巨大的变化，试着去培养更多的好习惯吧。

习惯的力量是无穷的，在你感到不快乐的时候，好的习惯会让你忘记一切。而当你已经习惯了幸福，那还有什么能够阻止你找到幸福呢？

从 "幸福守恒定律" 中体会幸福

大家都听过 "能力守恒定律"，能量既不会凭空产生，也不会凭空消失，它只能从一种形式转化为其他形式，或者从一个物体转移到另一个物体，在转化或转移的过程中，能量的总量不变。

能量守恒定律，是自然界最普遍、最重要的基本定律之一。从物理、化学到地质、生物，大到宇宙天体，小到原子核内部，只要有能量转化，就一定服从能量守恒的规律。从日常生活到科学研究、工程技术，这一规律都发挥着重要的作用。人类对各种能量，如煤、石油等燃料以及水能、风能、核能等的利用，都是通过能量转化来实现的。能量守恒定律是人们认识自然和利用自然的有力武器。

可是，你知道吗？幸福同样也会遵循这个定律。幸福的总量不会改变，它不会无故被创造，也不会凭空消失，他只会从这个人身上转移到那个人身上，又或者储存在时间的缝隙，随着时间缓慢发酵，最终成熟。

美丽的姑娘叶琳娜·瑰乔莉被安徒生美丽的童话所吸引，被安徒生不凡的谈吐和善良的心灵所折服，她悄悄地爱上了他。有一天，叶琳娜·瑰乔莉向安徒生表露了心中的爱情，并表示永远爱他。安徒生看着这个美丽的姑娘，虽然他也很喜欢这个既漂亮又聪明善良的姑娘，但是，童话创作需要他投入所有的时间和精力，还有爱，他的心中只能容得下童话，容纳不了别的东西，所以，他只能婉言拒绝了姑娘的爱情，他对姑娘说："对不起，我的爱在童话里。"

安徒生虽然放弃了个人的幸福，却给人类留下了财富，给天下所有的孩子们带来了幸福和梦想。

人，其实是一个很有趣的平衡系统。当你的付出超过你的回报时，你一定取得了某种心理优势；反之，当你的获得超过了你付出的劳动，甚至不劳而获时，便会陷入某种心理劣势。很多人拾金不昧，决不是因为跟钱有仇，而是因为不愿意被一时的贪欲破坏了长久的心情，一言以蔽之：没有无缘无故的得到，也没有无缘无故的失去。有时，你在物质上的不合算却换取了精神上的超额快乐。也有时，看似占了金钱的便宜，却同时在不知不觉中透支了精神的快乐。

所以，先哲强调：吃亏是福，就是这个道理。现实生活中，很多人以低调的姿态做着各种各样的好事，在不同程度上，他们当然就是我们常说的"圣人"。

"圣人"的境界，有时不像我们想象的那样高不可攀，面对幸福守恒定律，只要把握住精神快乐大于物质得失的分寸，你就或多或少拥有了圣人的品质。

另外，和能量守恒定律不同的是，幸福的能量是可以通过学习和实践去挖掘的。有的人之所以小时候孤单、辛酸，甚至受苦受难，但在成年后却能享受到别人无法享受的幸福，是因为在童年苦难的经历中是他比别人更容易感知和珍惜来之不易的幸福，同时，也更懂得去感恩。

还有的人善于学习，通过学习改变自己的处境，掌握幸福的方法，从而挖掘出了比别人更多的幸福。同时，我们还要相信，这世上的一切都很公平，幸福不会溜走，他只是在分配的过程中有那么些不均匀，有的甚至还被保存了起来。所以你要明白，一部分人幸福了，就意味着另一部分人的不幸，所以，你的不幸可能是因为你的那一份正在被某个人享受。

可是幸福是守恒的，总有一天幸福会轮到你。总有一天，你会被满满的幸福拥抱。

第四章　有家才有幸福
——亲情是幸福人生的依托

亲情是最甜蜜的负荷

亲情对于每个人来说，就是一个剪不断的缘。亲人之间，很多的感人故事；亲人之间，很多的难舍难分……浓浓的亲情，我们一生的牵挂！

亲情是一股涓涓的细流，给你我的心田带来甜甜的滋润；亲情是一缕柔柔的阳光，让冰冻的心灵无声融化，亲情是一个静静的港湾，让我们旅途的疲惫烟消云散。

人生，不必太过执着。

亲情，是你最好的老师；

亲情，使你慢慢长大，学会付出；

亲情，懂得尊重别人的人别人才会尊重你。

亲情源于血缘，血缘凝就亲情。人世间，依赖血缘纽带常常演绎出一个个可歌可泣、亦喜亦悲的亲情故事。

在某尘土飞扬的建筑工地上，一批新的建筑物将拔地而起，然而还有一间破旧的小屋孤立地支撑在那里。在一般人眼里，或许认为这是难以拔掉的"钉子户"。可是有谁知道，这"钉子户"的背后却有一段悲凉的故事：户主是一对老夫妻，他们唯一的儿子是一个30多岁的弱智儿，经常离家出走，十天半月才回来一趟。可是这一次却外出了两个多月没有回来了，老两口心急如焚，进退两难。不迁吧，又影响工地的建设进度，迁吧，又担心傻儿子回家找不着爹娘。最后，破屋还是动迁了。从此以后，在建筑工地的东头和西头各伫立一个老人，伴随着隆隆的机器声，踮着脚尖期盼那久未归来的傻儿子，任凭尘土扑面，风吹雨淋。

这就是亲情，这就是人世间至善至美的亲情。它在那牵肠挂肚的惦记中，在那圣洁无私的呵护中，在那无怨无悔的奉献中。拥有这样的亲情，会使我们的风雨人生变得风光怡人，使多舛的世界充满温馨。

亲情，与生俱有，源于血缘，但又不囿于血缘。岁月的洗礼，会显现亲情的浓淡；物欲的考验，会证明亲情的真假。

最真挚的亲情不因远离而疏远，不因久别而淡漠，离久越远，亲情弥足珍贵。

当物欲占据心灵时，亲情也会被物欲玷污和践踏。

生命中最宝贵的东西叫"亲情"，每个人一生下来就自然拥有而习以为常，有时，我们在不经意中就失落了这与生俱有的宝贵财富。拥有亲情的人生是完美的，没有亲情的人生是残缺的，而拥有亲情却不珍爱的人生是遗憾的人生，更是可悲的人生。

亲情是长白山顶的积雪，简洁却永恒；亲情是底格里斯河的流水，轻柔却悠长；亲情是西西里岛的那轮落日，缠绵却又绚烂；亲情是美索不达亚平原的碑文，模糊却又隽永。亲情，亲情，亲情……超越了时空，编织了人生美丽的彩虹。

幸福就是同一家人一起共进晚餐

幸福是什么？也许你会认为是拥有不愁吃喝的富裕生活；也许你会联想到住在高楼大厦里；也许你会很在乎眼前那台电脑……但这些就是自己追求的幸福吗？告诉自己，那不是！幸福是什么呢？幸福是一份纯洁的、高尚的爱；幸福是生命中一件很平凡的小事……告诉过自己，不要过分奢求富人的生活，其实那是痛苦的，根本没有自己的自由；不要觉得上帝抛弃了自己，其实他还爱着自己；不要去埋怨父母对自己的严加看管，其实只有这样才能对得起自己的存在……不管你的家庭是否富裕，只要每天过着充实的生活就是幸福。亲情在前面，幸福就在后面。

亲情，是人间最珍贵的，它是纯净的，甚至它比矿泉水还纯净。它又是"娇气"的：它是怕碰、怕动、怕摸……但比友情更坚硬，却没爱情明显可见。亲情像一杯茶，散发出淡淡的茶香，让人回味无穷。亲情像一颗蜜糖，给你甜蜜的味道；亲情像沙漠中的一汪清泉，可以在你困难时帮助你；亲情就像一艘轮船，载着你起程远航。亲情，就是阴云永远也遮不住的一片晴空！亲情悄无声息地来，又悄悄地离去，却还没有告别，让人回味无穷。亲情带来的幸福在生活中随处可见，如：在妈妈的叮嘱中、爸爸的教诲中、奶奶的嘱咐中、爷爷的话语中……

在这个惜时如金的时代，生活的节奏变得紧张。不过，想一想，找点儿空闲，常回家看看，和家人一起准备晚餐，一起共进晚餐是件多么美好的事情！想好晚餐的内容，别总是在吃晚饭前随便凑合。周末花几分钟时间设计一下晚餐的食谱是绝对值得的。事先想的越周到，做起来会越顺利；减少一些看电视、上网的时间，你就能获得共进晚餐的"宝贵时间"；陪着孩子慢慢进餐，孩子一般总是比大人吃得慢，所以要给他们充足的时间，让他们尽情享用美味；围坐餐桌前的交流应该轻松欢快，畅通无阻。不妨让每一个人都说说自己的一天都发生了什么有趣的事情，来和家人一起分享快乐。

窗外，星星眨着眼睛注视着这里，月亮将最皎洁的月光洒进这个温馨的小屋。它们很安静，似乎也不想打破这份宁静。

这就是幸福，这就是亲情。亲情是世界上最美的感情之一，我们被包围在浓浓的亲情中，渐渐被爱融化……这里面蕴藏着一段段温暖的故事，这里有生养我们的父母，这里有魂牵梦萦的思念，这里有血浓于水的兄弟姐妹，这里有无穷无尽牵挂，有相濡以沫的妻儿。

家是爱的点缀，爱是家的支柱。只要有爱的存在，就会感受到家的温暖。家是我们欢乐的场所，家是幸福的港湾，家是一壶醇厚而甘甜的陈年美酒！

啊，有家真好！

唠叨也是幸福

相信每个人从小到大或多或少都挨过父母的唠叨。小时候，我们总是喜欢依附着父母，听她们的唠叨。每当下雨的时候"记得带上雨伞"这句话总是不厌其烦地从母亲嘴里说出。无论是童年时的开心与快乐，还是青春期的叛逆和愤恨，母亲的唠叨总是伴随着我们的成长。

在父母的眼里，孩子是永远长不大的。虽然我们那时没有生活经验的积累，却有自己的思维和想法。当父亲扬起高高的手向我们挥来时，当我们听不进母亲反复唠叨时，父母就会责怪那时的我们越来越不听话了，越来越不懂事了。那时，我们很想快点长大，能早一天摆脱父母的唠叨声。

当我们长大了，终于可以离开父母，独自闯天涯的时候，我们暗喜，不必再听父母的唠叨，以为可以耳根清静了。但父母常常又在电话里唠叨：要处处小心，吃好穿暖，好好和同事们相处，不要惦记我们……这时，在外面漂泊、打拼的我们顿时会感到如此唠叨真的很温暖、很幸福。

是啊，亲情都是在细细碎碎的生活中沉淀，它可以通过语言和行动来体现。一句温暖的话语，都可以让生活丰满，让幸福变甜。听父母唠叨也是一种幸福，唠叨里饱含着父母对儿女的浓浓亲情，多听听唠叨，就多一分财富；多听听唠叨，就多一分幸福。

如果有一天，我们也为人父为人母时，看见自己的孩子下雨时不记得带伞；太阳大时不记得戴帽子也会不自觉地唠叨几句，彼时，是否能够更真切地体会有父母的唠叨真的很幸福。可能随着我们年龄的增长，对幸福的理解各有所不同，但父母的唠叨，对于儿女们来说却是永恒不变的幸福。因为父母的唠叨传达的是他们对儿女的爱，这种爱是亲人之间的爱，别人是无法取代的。在学校里做错事时会受到老师责罚；在工作岗位上时不时会受到老板的责难；在朋友之间只能感受到友情。只有回到家中才能听到唠叨声，所以，家人的唠叨就显得难能可贵，对于儿女们来说也是幸福的。

如果你现在身处远方，还能听到父母在电话里的唠叨声，希望你好好去珍惜吧。因为那是远方的父母对你的牵挂和无私的爱，是人类中最幸福的声音。

任何时候不要遗忘简单的问候

幸福就是给父母的一声简单的问候，曾看过这样一封短信：

给爸爸的问候：

亲爱的爸爸，你还好吗？不知不觉又是一年的父亲节了，宁静的生活如常，您千万要注意身体，年龄大了，别太劳累。现在女儿过得还算好，请你不用为我担心。在你心中，尽管女儿还是一个长不大的娃娃，女儿也学会了照顾自己了！

看似简单的问候，但是，长大的你是否时常忘记对父母说出口？父子母女的关系按说应该是最亲近的。但在现实生活中，随着孩子的成长，父母的老去，难免有相处的不和谐，既然是生活就难免有磕碰、摩擦、误解……有些人能够重修旧好，有些人，就只能等待时间的修补。其实在彼此相处这门大学问里，我们和父母都是一直在学习中。

从 1909 年开始，有人建议确定父亲节。据说第一个提出这种建议的是华盛顿的约翰·布鲁斯·多德夫人。多德夫人的母亲早亡，其父独自一人承担起抚养教育孩子的重任，把她培养成人。她建议把 6 月的第三个星期日定为父亲节。协会将建议提交会员讨论，获得了通过。1910 年 6 月，人们便庆祝了第一个父亲节。当时，凡是父亲已故的人都佩戴一朵白玫瑰，父亲在世的人则佩戴红玫瑰。到 1934 年 6 月，美国国会统一规定 6 月的第三个星期日为父亲节。

作为父母大凡对子女的要求都很简单，都希望他们能够收获最大的幸福和快乐，并不会计较于是否会在这天能收获什么，因为对于他们来说这些并不重要，他们唯独在乎的是子女对他们的那份心情，理解的心情、孝顺的心情、尊敬的心情、感恩的心情，等等。更何况对待父母的感情又岂能只关注在这一天，而应当是在平时的每一天不是吗？对待父母的心情更不能只是盲目地跟随潮流，而是要发自内心的感动。众所周知，世界上最伟大、最平凡的爱也无非就是母爱加之父爱，人最最不能缺少和遗弃的也同样是亲情。

我们一定要孝顺父母，孝顺不在于形式，因为它必须是要发自内心的；孝顺父母也不在于是某天，因为它应该是长长久久的。好好孝顺、善待自己的父母，很多东西错过了也就失去了，所以一定要在拥有的时候好好珍惜。更何况这种血浓于水的亲情是几世才能修来的，无论自己的父母有多平凡，都应该感恩他们，因为是他们造就了今天的你，而这中间所要花费的劳力、心力、财力都是无法想象和衡量的。

我们都不能忘记父母对我们的舐犊之情、养育之恩，这样的恩情足以大过一切磕碰、摩擦、误解……至少在"母亲节""父亲节"来临的时候，给父母发一条短信、打一个电话、回家看一看他们……

母爱是世界上最动人的牺牲

总有一个人，默默地将我们支撑；总有一种爱，让我们泪流满面。这个人就是母亲，这种爱就是母爱。常常，我们感动于"春蚕到死丝方尽"的无私和"蜡炬成灰泪始干"的奉献。但人世间没有任何一种无私和奉献能与母爱相提并论。即使再冷酷无情和铁石心肠的人，也能体会到母亲的关爱给予我们的心灵慰藉与情感抚摸……

罗曼·罗兰说，母爱是一种巨大的火焰。这种火焰燃烧了自己，照亮了儿女的生命。

2002 年 2 月，母亲邀女儿去阿尔卑斯山滑雪。母子俩在滑雪中，由于缺乏经验偏离滑雪道迷路了，同时又遭遇了可怕的雪崩。母女俩在雪山中挣扎了两天两夜，几次看见前来搜寻她们的直升飞机，但都因她们身穿的是银灰色滑雪装，而难以被发现。终于，女儿因体力不支昏迷过去，醒来时发现自己躺在医院里，而母亲已不在人世了。医生告诉她，是她的母亲用生命救了她。原来，是母亲割断自己的动脉在雪地里爬行，用自己的鲜血染红了一片白雪，直升飞机因此才发现了目标。

母爱，是人类一个亘古不变的主题。是母亲，给了我们宝贵的生命、快乐的童年；是母亲，教会了我们走路说话、坦荡做人！母亲的目光，永远聚焦我们的身影，我们在哪里，母亲的心就在哪里；母亲的关爱，一直伴随我们左右，无论我们是稚气的童年还是成熟的岁月！

世界上没有两件事物是完全相同的，你头上的两根头发，也不可能一般长短。然而，只有普天下的母亲的爱，或隐或显、或出或没，无论你用斗量、用尺量，或是用心灵的度量衡来推测，她们的爱是一般的宽阔高深，分毫都不差减。

母爱是伟大的，尽管在我们生存的地球上，有不同皮肤的种族，有不同语言的国度，但是，全世界的母亲都是相像的，她们爱儿女的心都是一样的。缺乏了母爱的乳汁，孩子的心灵将是一片荒漠。

母爱贯穿在人类历史长卷里，永远奏响着让人感动、慨叹和荡气回肠的乐章……

母爱像水一样，从我们一出生，就融进了我们的血液，从此，一直在我们体内流淌着。母爱像阳光一样，从关注我们的那一双眼睛开始，从此无论我们走到哪里，母爱总会跟随在我们身边，温暖着我们，包围着我们。母爱是细腻而温柔的，她带给我们无尽的关怀和爱怜；母爱又是坚强而执著的，为了我们，母亲可以牺牲一切，甚至自己的生命。

诗人但丁曾经说过：世界上有一种最美丽的声音，那便是母亲的呼唤。母爱是一部震撼心灵的巨著，读懂了它，你也就读懂了整个人生。

幸福就是父母身体健康

随着时间的流逝，我们的父母会逐渐老去，当然这也是自然规律，然而，我们一时却难以接受。看着父母脸上的皱纹逐渐增多，就像刻在自己心里的痛。

对于每个人来说，父母的身体健康，对于做子女的人来说，都是一种幸福。

每个人都希望自己的父母拥有一个健康的身体，一颗快乐的心，所谓"父母的健康，就是儿女的福气"，健康能够创造财富，只要父母有一个健康的身体，任何的愿望都不是奢侈。

每当逢年过节，能和父母谈谈心，聊聊家常，一起吃顿家常便饭，这是多么温馨的一件事情啊，这个时候难道不幸福吗？如果哪天父母身体不适，这种温馨幸福的场景就再难现了。

幸福是什么？幸福不就是父母有个健康的身体吗。在他们的夕阳之年里，我们做儿女的能够有机会尽尽自己的孝心，当父母离开人世的时候，我们也不会有什么遗憾，这难道不是一种幸福吗？

是啊，健康对于每个人来说都是幸福的。如果自己的父母在夕阳之年还有一个健康的身体，我们是多么的幸福啊。

慈善从父母开始

我们来到这个世界上，因父母的养育而成长，子女与父母的关系是人伦亲情中最基础、最重要，也是最复杂的亲情。在人的一生中，父母的关心和爱护是最真挚、最无私的，父母的养育之恩是永远也诉说不完的：吮着母亲的乳汁离开襁褓；揪着父母的心迈开人生的第一步；在甜甜的儿歌声中入睡，在无微不至的关怀中成长；小病小灾使父母熬过了多少个不眠之夜；读书升学花去了父母多少心血；立业成家铺垫着父母多少艰辛。可以说，父母为养育自己的儿女付出了毕生的心血。这种恩情比天高，比地厚，是人世间最伟大的力量。

父母对子女的爱浓烈无私，源自天性。而子女对父母的爱却是一个需要不断培养、不断锤炼的过程，这种爱显然又无比重要，因为它是一个人道德的基础，一个人都不爱自己的父母，更遑论爱他人。所以，培养出不孝敬父母的孩子，做父母的首先应该反思，而培养一个孝敬父母的孩子，不光是为人父母者的福利，更是一种责任和义务。中华民族的传统美德，孝，已融入到了华夏文明的血脉中，教导着我们每一个中华儿女。那么，怎样才能做到真正的孝呢？

子曰："父母在，不远游，游必有方。"就是说父母健在时，不要进行长时间的远行，如果不得已要远行，也应该让父母知道在何处。这当然是在古代交通信息不发达的情况下提出的。现代的父母为了子女的理想和前途，宁愿自己忍受孤独也鼓励孩子们远行了。可古今都投射出同一个道理，"儿行千里母担忧"，当你跨出家门的那一刻，就是父母牵挂的开始。

如果人类应该有爱，那么首先爱自己的父母，其次才能谈到爱他人、爱集体、爱社会、爱祖国。古人云："百善孝为先。"鸦有反哺之义，羊有跪乳之恩，大地乃万物之源，父母是生命之本。孝敬父母是我们的责任，也是我们应尽的义务。在世界上任何国家，一个人哪怕是地位有多显赫，或有多富有，如果他不孝敬自己的父母，也不会得到人们的尊敬，甚至会遭到社会的强烈谴责。孝敬父母也是上帝的使命，上帝说："我儿，要听你父亲的训悔，不可离弃你母亲的法则。"人生于一世，这是第一要学习的功课，不听从父母的人，不能成为有益于社会的人，有益于人群的人，如同不听指挥的军人，不能成为好的战士一样。《圣经》里"你们做儿女的，要在家里听从父母，这是理所当然的。"自古以来，人人都想健康长寿，都想有一个温馨和睦的家庭，若要得到这些福分，就要孝敬父母。否则，就是一句空话。

人生于世，长于世，源于父母。父母给了我们生命，教给我们最基本的生活技能，辛勤养育之恩，终生难以回报。所以说，孝敬父母，尊敬长辈，是做人的本分，是天经地义的美德。父母儿女亲情，是人类最原始最本能的情感，是一个人善心、爱心和良心形成的基础情感，也是今后各种品德形成的基本前提。

愿我们都有机会与报恩之心孝顺父母，以反哺之心奉敬父母，唯有这样，我们才是幸福的。

父母渴求的并不多，常回家看看

在现在的这种市场经济条件下，很多儿女背井离乡外出工作，留下二老在家中。而且子女常年在外工作，很少有时间回到家中看望父母，这是当下很多年轻男女的真实写照。

然而，他们并非不孝顺，有人说，等我有钱了，我要把大把大把的钱塞给爸爸妈妈让老人家坐在钱堆上随便花；还有人说，等我有时间了，带着爸爸妈妈游完国内游国外，让爸爸妈妈在有生之年潇洒个痛快！可是在现实生活中，这个可能性很小，等你把钱挣到手了，爸爸妈妈的牙还能啃得动面包吗？等你有时间了，想带着爸爸妈妈去周游世界，他们还能上得去飞机吗？等你有……爸爸妈妈还健在吗？

当我们静下心来思索时就会发现，所谓对爸爸妈妈的孝心，其实不就是在我们平时的"滋润"中完成的吗？只要父母能够感受到这种"滋润"，他们就已经很幸福了。

在父母心中，他们希望自己的儿女成才，但更希望逢年过节的时候，在外工作的儿女能够回来一家人团聚。然而，这一切已经成了他们的奢求了。

一首《常回家看看》，道出了千万父母的心声。家在人们心中永远是最核心的主题。当你回到家中看望父母的时候，你会发现家的温馨。那里有最真切、最朴实的平民情调。家庭的这种温馨氛围，没有勾心斗角的商业争斗，没有尔虞我诈的政坛风云，恰恰就是原始的、真诚的情感理念，它是民心所向的一份坦诚流露！

其实，父母对自己的儿女要求的并不多，如果在逢年过节的时候能够回到他们身边，他们都会乐得连嘴都合不上的。这就是亲情，是任何东西都无法取代的，在亲情的世界里，没有物质，只有情感，是血浓于水的情感。在这种情感氛围里，你会体验到家的温暖和温馨，此时的你才是幸福的。

如果你在外地工作，请隔三差五地给家里打个电话。每逢节日，不管身边的工作有多忙，一定要抽时间回去看看在家盼望你回家的父母，那里有香喷喷的米饭和热乎乎的汤在等着你。

关爱家人，需要行动

随着现在社会生活节奏的加快，人们常年忙碌于工作和社交之中，似乎很多人忽略了关爱家人。

请问，是谁给了我们生命？是父母；是谁让我们快乐成长？是关心、爱护我们的家人；是谁教我们如何做人？是细心呵护我们的父母。所以，等我们长大了也应该去关爱他们。

春天，有时间可以陪家人去郊外野炊，散散心；夏天，给父母买双合脚的凉鞋；秋天，天气清爽，条件允许的话，可以陪父母去外地旅旅游；冬天，天冷了，给父母买条围巾御寒；过年了，不要总借故说自己事情忙不回家，应该回家和家人团聚，跟父母聊聊家常，和父母说几句贴心话，他们都会感到无比的温暖、幸福。

这些都是我们力所能及的，是很容易就能做得到的。但是在现实生活中，这些看起来很平凡、很简单的事情，有些人都难得做到。试想一下，如果哪天我们的父母驾鹤西去了，你会为父母还在的时候没有去关爱父母而感到无比的遗憾和悔恨，但再怎么遗憾和悔恨都已追悔莫及了，因为人的生命只有一次。

记得外国有部电视剧是讲述父母与子女的故事的。内容大致是这样："儿子在外工作多年没有回家，只是想在外打拼多赚点儿钱，每次父母打电话要求儿子回家时，儿子总是借故推辞，其实儿子也不是不孝顺，但他总是想着自己能够赚得金钵满满再回家看望父母，自己有面子的同时，也好光宗耀祖。于是干脆和家里失去了联系。多年后，他终于赚到了钱了，也娶到了一位漂亮的妻子，当回到家中看望父母时，结果父亲已不在人世了，只剩下了体弱多病的母亲。回到家中看到如此景象，他和母亲抱头痛哭，追悔莫及。追悔当初为什么没有多多去关爱家人，现在想去关爱父亲却没有机会了。

在现实生活中，像这位男主角一样的人大有人在。这个故事对我们每一个人来说都是值得去深思的，需要引以为戒的。我们应该多付出行动来关爱自己的父母，让他们在夕阳之年能够开心快乐，即使哪天父母离去了，自己也无怨无悔。

天空对鸟儿的关爱，是让鸟儿飞的更高；海水对鱼儿的关爱，是让鱼儿畅快地游玩。人与人之间也需要关爱，关爱是人与人之间沟通的最真诚的开始。

其实，关爱家人，不一定要为他们做出多么惊天动地的大事，我们要从平凡的小事做起，从点点滴滴做起。朋友们，让我们行动起来，多多关爱自己的家人吧！因为关爱也是一种幸福。

来不及报答是无法弥补的遗憾

《汲古阁本琵琶记》里还有一段记载：

孔子出游时看见皋鱼在路边哭，于是问其故，皋鱼曰："我少时好学，曾游学各国，归时双亲已故。为人子者，昔日应侍奉父母时而我不在，犹如'树欲静而风不止'；今我欲供养父母而亲不在。逝者已矣，其情难忘，故感悲而哭。"

子女和父母两代人一生处于强弱对抗的状态。子女年轻时处于弱势，想努力摆脱强势的控制；青年后势均力敌，关系却很疏离；等你慢慢成熟，能照顾他们的时候，往往他们已经永远地离开了。

大多每天还能够享受父母晚餐的人，习惯于整个家庭让父母照顾的年轻人，又有几个曾想过父母有一天会离你而去？总觉得那一天是多么遥远，像海市蜃楼般只是一个虚幻的影子。所以，我们坦然处之的享受，而没有抓紧每一分、每一秒应该去做的事情。而这个机会过之不候，等之不再来，错过了将遗憾终生。

曾问：事业重要还是亲情重要？朋友答：有了的不重要，没有的就很重要。我觉得这就像张爱玲笔下的红玫瑰、白玫瑰。有事业、没亲情的是陈世美、白眼狼；有亲情、没事业的是懒汉子、窝囊废。看来，孝也是一门学问，要抓住时机、要把握好分寸、要平衡生活。所以"子欲养而亲不待"就成了一个永远遗憾的感叹。

每一个做父母的，都是这样。在岁月的长河里，他们宁愿承受精神和身体的双重折磨，也要尽自己最大的努力将世上最好的、最宝贵的东西留给他的孩子们。父母就像那吃草的奶牛、燃烧的蜡烛、挡雨的大树，避风的港湾……为了儿女，倾其一生而毫无怨言。而我们这些做儿女的呢？只有在我们受到委屈、想要停泊、期待依靠、企盼安慰时，才会想起生我们、养我们的父母来。更多的时候，儿女们只顾忙于工作，忙于应酬，忙于健身，忙于娱乐……却没有意识到要腾出一些时间给我们的父母多一些问候、多一些拥抱、多一些关怀、多一些孝敬、多一些感恩、多一些牵挂……

其实作为父母，他们要的并不多。生活的磨难压弯了父母的脊背，沧桑了爹娘的容颜，褪去了他们的青春，削去了他们的激情。当他们含辛茹苦把儿女养大成人，如一只只羽翼丰满的苍鹰，展翅飞翔在期盼已久的天空，陶醉于世界的精彩，流连于蓝天的美丽时，可曾想到父母的身心，已悄无声息地变得如此地脆弱，如此地孤独？所以哪一天，当我们自己都没有意识到我们的语言或动作有什么特别的含义，而在父母眼中却当做是儿女们给他们以关心、爱护、孝敬、报答。每逢这时，父母心底的激动、眼中的欣慰、使命的释然，都会让父母操劳一辈子的身心有了温馨的回忆，多了亲情的温暖。当岁月之手魔术般换去父母们一张张曾经年轻的生命脸谱，我们逐渐老去的父母的心态和思维也悄悄有了"童心"的色彩。他们如3岁的孩童一样，希望儿女能在他们睡前帮他们掖掖柔软的被子；能在天冷时记得帮他们添一件御寒的衣服；能在下雪时给他们递一副保暖的手套；在口渴时及时地给他们端一杯清香的热茶……

天大地大不如父母的恩情大，河深海深不如父母的恩情深。古往今来，人世间最难报答的就是父母的生育之恩，养育之情，立业依托，成家之源。"树欲静而风不止，子欲养而亲不待。"在这个世界上，没有父母，我们的一切都将是个空白。所以，无论我们自己的世界如何精彩，无论我们的父母有何之过，都不要忘了给了我们生命、养育我们成人、给我们家庭的父亲和母亲，都要记得常回家看看年迈的双亲，给父母洗洗脚，为父母捶捶背，帮父母干些活，陪父母说说话……如果你这些都做到了，有一天当我们的父母走进一个世界后，我们的心灵就不会因遗憾而抱恨终生！

亲爱的朋友们，请好好地爱自已的父母，别说没有时间、没有机会，等他们真的哪一天走了，你发现其实你有很多时间，可再也无法追回，有些错过和遗憾随着时间会变淡，但这种过错和遗憾会随着时间的流逝越变越清楚，越变越痛苦！

第五章　不要在爱的执著中迷失
——爱情不是幸福的枷锁

爱情中的意义和快乐：幸福关系的保障

爱情中的意义和快乐也是幸福关系的保障。什么是爱情中的意义和快乐，具体来说就是在爱情或婚姻中的双方要有共同的志向和目标，这样才能保证爱情的长久和幸福。

《婚姻指南》的作者塞默和伊瑟克林深信，幸福的婚姻需要夫妻共同的理想。至于理想是什么并不重要。也许是一幢别墅、一趟旅行，或者是几个可爱的孩子，重要的是能够共同分享一个理想。他们说："主要是对眼前要有所希望，能够尽其所能实现它。快乐、情趣从参与构思、幻想和希望里得到，从共享胜利与失望、成功与失败中得到。"

1953年，堪萨斯州的威廉·格里哈夫妇就是基于这个道理，取得了成功。在威基塔，"威廉—格里哈油料公司"是个受人重视的公司，公司之所以受到重视，与威廉的付出有很大关系。他还没到知天命之年，但已经可以从油料经营和投资中赚得可观的利润。威廉和他的夫人玛丽因此拥有许多令人羡慕的成果：6个孩子、健康、富有、漂亮的家居，还有蒸蒸日上的事业——这一切他们仍能在未来的岁月里去享受。

当别人请教威廉成功的关键时，他说："夫妇的长期计划和协调作业。"

根据威廉介绍，他与玛丽成家不久便开始做房地产中介生意，介绍房屋买卖，抽取佣金。当时，对他们而言，除了成功的信念和埋头工作之外，再别无选择。他们的办公室设在一幢办公大楼的废弃通道末端，玛丽在这里负责联络，威廉四处拉生意。开始的时候业务进展缓慢，他们只能精打细算地生活，否则就会朝不保夕。

当业务有了起色并有些盈余后，他们便出钱买下房子，再卖出以赚取更多的利润。然后，他们就开始投资建房，做起较有规模的房地产生意。由于经营状况很好，威廉便尝试着进入一些新行业，以防房地产业发生不测。

经过几次认真分析和商讨，夫妻俩认为石油生意更适合威廉。因为他渴望业务成长与交易的机会和挑战。于是，"威廉·格里哈石油公司"就诞生了，这个公司一直经营得非常成功。

目前，威廉把目光投向了新的世界，他和玛丽正考虑国外投资的可行性。只要他们有了决定，他们便会付诸实现。

当威廉夫妇为自己订计划和选目标时，总会考虑到威廉所受过的训练、倾向和兴趣。玛丽说："威廉一旦实现了一项计划，必须立刻再找到另一个挑战性的难题，避免自己失去生活的乐趣。"

由于受这种观念的支配。他们建立了另一种满足生命的方式——确定更大的目标，并制订计划付诸行动。威廉夫妇的成功。就是夫妻俩订下计划、实施计划、实现目标的最好证明。

没有人能够不瞄准就能命中成功的靶心。瞄准靶子，即使会有一点儿偏失，也比我们闭上眼睛盲目射击更接近靶心。

哥伦比亚大学知名教授狄思海·伯特赫基斯说："没有正确的方向是忧虑的主要原因。"

其实，没有正确的方向不仅仅是忧虑的主要原因，还是成功的最大绊脚石。因此，帮助丈夫成功的第一步，就是鼓励他为家庭找到正确的方向，立下一个明确的目标。

作为妻子，应该十分了解自己的丈夫，可是，当你要帮助他达成某些目标时，可能会发现你们意见相左。这时，你们都要冷静下来，认真分析找出相左的原因，求大同存小异。而作为丈夫更是要义不容辞地帮助妻子完成梦想，过上理想的生活。

"相爱并不是双目对视。而应该是朝同一个方向投视。"我不知道这句话是谁说的，但是它的确是对有抱负的夫妇最好的忠告。

所以，成功的第一步是："夫妻要朝着同一个方向努力。"

婚姻要坚持 "半糖主义" 才能幸福

我要对爱坚持半糖主义，永远让你觉得意犹未尽，若有似无的甜才不会觉得腻。我要对爱坚持半糖主义，真心不用天天黏在一起，爱得来不易要留一点儿空隙，彼此才能呼吸，这样的婚姻才是幸福美满的婚姻。

爱有时候就是这么没道理，爱人分别太久，要担心对方是否不够爱自己；两个人黏得太紧，却印证了一句话"爱得太用力，爱就燃烧得太快"。半糖主义代表的是一种健康的生活态度，太苦的日子会使人沮丧失望；过甜的日子容易让人不识甜为何物。不懂珍惜，也许生命的最佳状态就是不回避烦恼与苦难，并学会给自己的日子加半勺糖，在若有若无间体味生命的香甜，领悟甘苦参半的人生真谛。

向岚和陶娟是大学同学，志趣相投的两人一见面就成为了好姐妹。到了大二的时候，两人都有了自己的男朋友。关于如何对待爱情，她们丧失了以往的默契，向岚认为对待爱情采取"蜜糖主义"，才能让爱情更加甜蜜；而陶娟的想法不同，她认为"半糖主义"的爱情才更能让恋爱双方懂得珍惜彼此。然而，两人各执己见，谁也没有说服谁。

在爱情中，向岚誓将"蜜糖主义"进行到底，除了上课、睡觉，她每天都和男友聚在一起，真是一对如胶似漆的甜蜜恋人。不久，向岚认为每天相聚时间太少，难以慰藉两人的相思之苦，于是她和男友就"以身试法"地在校外租了一间小屋住下，过起了两人的小日子。不仅如此，向岚考虑到男人的面子，把经济大权也交于男友之手，将每个月家里给的所有生活费都交给男友掌管。每天男友会给她"发放"像早餐这样的日常必需消费款，其他就算是想买点零食这样的支出都要向男友申请。他们这种甜蜜幸福的小日子让其他人羡慕不已。

然而，这段同居生活并非如表面的那样幸福，俩人每天生活在一起，彼此的缺点逐渐显现，矛盾滋生，争吵时有发生，"分手"二字更是时常被向岚和男友挂在嘴上，两人分分合合多次，让彼此饱受心灵的伤害。最终，疲惫不堪的两人选择了分手。

而陶娟的爱情观则坚定"半糖主义"，她不会把自己所有的时间都花费在爱情上，一日三餐，她只有晚饭才陪男友一块吃的，饭后两人一起去上晚自习，共同探讨学习中的问题。就连周末，她也一半的时间给男友，另一半的时间安排自己和同学、朋友去逛街，让男友和他自己的朋友玩耍，两人相聚后还可以讲述彼此遇到的有趣事情。这段爱情并没有因为距离而产生隔阂，反而更显甜蜜。大学毕业一年后，男友就向陶娟求婚，让陶娟做他美丽的新娘。

向岚的"蜜糖主义"让爱情落了空，而陶娟的"半糖主义"却为自己赢来了幸福的婚姻。"蜜糖主义"认为，爱就是寸步不离，就是完全透明，完全占有。而"半糖主义"作为一种理性的爱情观，它反对全糖式的爱情，认为过分地如胶似漆，没有距离和神秘感，也正是现代很多爱情不能长久存在的原因。

当两个人相爱的时候，并不是要形影不离，如胶似漆，"一日不见如隔三秋"，爱情就是生活的全部。但婚姻不是一朝一夕的事情，总有一天，我们会感到累了、倦了，无法再保持当初的那份激情，只有细水长流的婚姻才能天长地久。

人们经常说：距离产生美感。彼此间有一点儿距离的张力，才能营造出一种朦胧之美，才能将两人的心拴得更紧。距离美要求我们对爱坚持"半糖主义"，双方注意保持一定的距离，给彼此留出空间和自由，这样的爱才会持久，不会令人厌倦。就像一杯白开水，如果不放糖，水就会平淡无味；全糖，水又太过于浓甜；半糖，不甜不淡，刚刚好。真正的爱情之火，不会由于心理距离的增大而熄灭，反而能培育出幸福的爱情向心力。

培养，而不是寻找：让爱持久

现在的这个社会离婚率越来越高，这里有很多原因，受物质主义、拜金主义的盛行影响很大，但还有一个重要的原因：有很多人认为"合得来就合，合不来就分"这也是导致婚姻关系破裂的一个很重要的原因。美国心理学家认为，导致关系失败的另外一个重要原因是：人们误认为去找寻合适的伴侣是重要的第一步。但一个美满姻缘的第一要素，以及最有挑战性的事，并不是去找到那一个所谓"合适的人"，而是一个你用心培养的亲密关系。

这种把寻找看得比培养更重要的错误观念，有一部分来自于大银幕。许多电影强调的是寻找真爱，那些两人经历了许多困难和考验才能在一起的故事。在电影将要结束时，情侣们终于走到了一起，电影在两人热吻下落幕，他们之后也过着幸福美满的生活——或是我们自己猜想的。但问题是，实际生活与电影中的情节有很大的不同，通常爱情电影落幕的时候，爱情生活才正式开始。真正有挑战性的，往往是从此能否过上幸福美满的生活。

把找到真爱当成是永久幸福的错误观念，很容易就会使两人忽略日后旅程的重要性。想想看，如果你找到了你梦想中的工作，你可以不去工作吗？这样的心态显然是不可取的。而在感情生活上道理也是一样的：真实、有挑战的生活是在感情开始之后。在婚姻关系里面，努力"工作"就是用心去培养亲密关系。

我们通过了解和被了解来培养与伴侣的亲密关系。我们通过对对方的了解，去加深两人的亲密关系——做一些对两人都有意义和快乐的事。这样的爱才能创造充满爱、幸福和自由绽放的空间。

爱与牺牲，并非并列关系

有时候，即使深信跟适合的人在一起可以获得幸福、可以长久的情况下，人们依然可能变得不开心，主要原因可能是来自于对伴侣、孩子或是婚姻的责任感。他们错误地相信"牺牲是一种美德"，但他们忽略了一个要点，那就是，如果只是为了别人而维持的话，迟早会只剩下挫败与不幸福。开始时也许不觉得，但慢慢地就会发现自己的快乐、意义是被伴侣所剥夺了。再往下走，就会觉得与这个人在一起是迫不得已而不是心甘情愿的。这样的态度会慢慢影响到对方，以致最终对感情绝望，不再有快乐和意义。

就算在双方深爱的情况下，如果把牺牲和爱并列，认为牺牲越大爱得越深的话，幸福也一样会受到影响。

要知道，对方需要你为他（她）付出时，无论金钱、时间还是感情，这并不是一种牺牲；当我们爱一个人时，我们会感觉，帮他（她）也就是在帮自己。像纳斯尼尔布兰登所提到的："为他人付出是为了让自己生活得更好，这是爱情的重要组成部分。"

这里所说的牺牲是指一个人放弃自己的幸福，比方说，妻子为了能配合先生海外的工作而放弃一个她深爱、别处无法找到的工作，这就是牺牲。由于这个工作对她有核心价值的意义，是让她有使命感的工作，所以放弃它等于危害自己的幸福。同一情况下，如果妻子只是请一星期的假，来帮她先生完成任务的话，则不算牺牲，因为她并没有放弃任何核心价值的东西，所以也就不会伤害到自己的幸福。再者，由于她和他的幸福是绑在一起的，当其中一个人幸福时，另一个人也会幸福，甚至更快乐，所以帮助他也就是在帮助自己。

当我们很难分辨一个做法到底是牺牲还是有助于双方的成长时，唯一的办法就是在感情中，以双方的幸福为标准去衡量一切行为。

两人的关系其实就是一种至高财富——幸福的交易。就像所有的交易一样，在双方都获益的情况下才是一个成功的交易。当其中一人在至高财富上受损时，当他不断地付出让另一个人得到更多时，结果就会使两人不幸福。为了能让这个交易成功，我们必须确定双方所得到的是平等的。

心理学家伊莱恩·哈特菲尔德专攻情感方面的心理问题，在她的研究报告里指出：人们在情感中不喜欢"占便宜"，也不喜欢"吃亏"；当两人觉得感情公平时，两人都会比较满足，而且关系也比较容易维持下去。这并不代表两人需要钱赚得一样多；在这里，平衡点不是用几元几角钱来衡量，而是用至高财富来衡量。当然，在任何感情里，一些妥协是无法避免的，有时候为了另一半，一些付出也是必然的，但从整体来说，这段关系必须为双方带来幸福——两人必须在结合后过得更幸福。

被了解而不是被认可

在美国，将近40%的婚姻走上了离婚的结局，这个数据，对我们维系长久感情的能力不是一个好消息，特别是当我们发现，那剩下的60%虽然没离婚，但也不一定幸福。这难道说明人类不适合长期的恋爱关系？答案当然是否定的，就像抑郁症患病率上升的统计数字也不能说明人生来就是不幸的一样。

有时候离婚是最好的选择——并不是所有的伴侣都是般配的，有时他们长期下来也确实无法合得来。通常分开的原因，是来自于对爱以及爱的表现的根本分歧。大部分的人把性关系当成是真爱，这是远远不够的。只是性的关系，是无法维持长久的。无论一个人的伴侣如何有吸引力，无论两人互相之间再怎么"来电"，那些起初的兴奋，以及肉体上的诱惑，迟早都是会消失的。新奇的东西，对我们的感官确实有刺激的作用，"新鲜感会产生性兴奋"，但双方熟悉之后，这种刺激早晚会消失。

彼此熟悉其实是一把双刃剑。一方面它会使新鲜感降低，但另一方面，熟悉你的伴侣，真正地去认识他，会带来更高的亲密感——通过这种方式，使爱更好地成长，同时带来更好的幸福生活。

在《婚姻的热情》一书中，作者大卫·史纳屈，挑战了传统观念中把性仅仅认为是肉体、生理上的能量的观点。通过多年对两性关系的研究之后，史纳屈证明了性生恬是可以变得更和谐的。但前提是我们的目标是基于去真正地了解彼此。

史纳屈也指出了培养真实亲密关系的方法，那就是注意力必须是放在想被了解的心态上，而不是想被认可的心态上。自我深刻地探索，是保持爱情和热情的必须。我们必须打开心灵，分享自己最深刻的需求和恐惧，甚至性幻想和生命的梦想。除了被伴侣认识的努力之外，还要试着去真正地认识他（她），在此，我们可以去设计一张爱情图，针对的是我们伴侣的世界，一个去帮助我们认识伴侣的价值、热情、想法以及期望的指南。

彼此了解是一辈子的事情，我们永远都可以发现和找到更多。这样，两性关系也会变得有趣、刺激以及不断成长。当我们的注意力是想去了解以及被了解时，两人在一起的时间，无论是一起吃饭、照顾孩子或是其他，都会变得更快乐、更具有意义。

爱对方原本的样子

在爱情关系中，很多时候人们不知道自己爱的究竟是什么，是对方这个真实的人的存在，还是环绕在对方身上的那层光圈。

首创幸福学的哈佛教授沙哈尔在他的心理著作《幸福的方法》一书中曾讲述了这样一段自己的童年趣事：

在赢得以色列壁垒球冠军几周之后的一天中午，我以一个以自我为中心的少年的口吻对母亲说："我希望女孩子因为我这个人而喜欢我，而不是因为我是冠军。"现在想起来，我怀疑当时的担忧根本就是多余的（当时以色列严重缺乏壁球场、球员还有观众和球迷），也许那只是假谦虚的结果——模仿那些抱怨自己找不到真爱的有钱人和名人。说实话，我当时并不是很在乎别人为什么喜欢我，其实只要有人喜欢我就不错了。

无论当时我为什么会有这种想法，母亲回答我的态度是非常认真的。她说："赢得冠军，只是反映出了你的热情以及你的执着。"就像我母亲所说的，夺冠没有改变什么，只是让一些事实更加明显。但是，外在的东西总是比内在的东西更加吸引我们的注意力。

直到多年以后，沙哈尔才明白妈妈所说的，"人们应该爱我们本来的样子"，与此前自己的理解是不一样的。换句话说，爱我们本来的样子就是"无条件的爱"。我们在卧室、小孩的房间、教室里不是经常听到这句话吗？我们是希望别人在无条件的情况下来爱我们？或者，无论任何情况下都爱我们？又或者，我们认为爱根本就不需要任何理由？

爱他，如他所是，并非如自己所想——听自己内心真实的声音：你是爱对方本来的样子？还是爱你自己编的有关对方的故事？你爱对方的时候，自己是否充满了爱和温柔？

真爱中没有牺牲，没有控制，真爱中没有操纵。对于一个真正爱你的人而言，没有一样价值观，或其他的人、事、物的价值会超过你的存在。在真爱中只有敬重和真正地接纳，就是去接受你本来的样子。不是符合社会的价值观，而是回到你的忠心，回到你的存在。

你不需要成为比尔·盖茨或卡内基，才会有人爱你，你本来就是最棒的，你只要成为你自己，当然这个过程充满困难与恐惧。我相信，当你有一天能真正回到自我的中心，呈现自己的存在和每一个刹那存在的自己在一起的时候，你就会像一颗珍珠一样放射出光芒，同时，也会有人看到你，会有人来爱你，而这个爱你的人，是因为爱你本身而来爱你。在你的内心深处，你已经知道自己的存在是最有价值的，同时你也会真正地去爱别人，爱他们如他们所是，而不是爱他们如你所想。这时候，你就会觉得自己是最幸福的。

托付心态的爱是毒药

当你依赖的时候，你就会因为担心失去而恐惧，当你恐惧时，你就会委屈自我来迎合对方，而当你失去自我，对方的爱也就土崩瓦解。为什么？你已经不是你了，对方的爱哪里还有附着的对象？爱情遵循平等原则，要求双方能为彼此带来直接或者间接的好处，比如关注、爱、金钱等。爱情的维系需要实现索取和回报的动态平衡，同时要求在爱的关系中保持自我，达到"我"和"我们"的平衡。任何一个平衡被破坏，爱情关系都不能长久。

因此，托付心态非常危险，是爱情的毒药。既然爱情遵循平等原则，女性就要保证自己有足够的吸引力，比如智慧、独特的思想、独特的气质等来交换。当年轻的你与钻石王老五在一起的时候，你们之间会有巨大的鸿沟，你需要迅速成熟来获取与对方相当的社会经验，这可能会让你感到压抑、委屈甚至折磨。因此，经营自己的能力更重要。在失恋之后，保护好爱的能力，给前面爱你的人。当我们能把握自我的时候，两个人的关系才能更好。时刻保持察觉，维护爱情，保持自我，这样，才不会输得很惨。

与其嫁个有钱人，还不如寻找潜力股，找个同龄的男孩子一起成长，共同经历、共同见证彼此从稚嫩到成熟的漫长过程，这个经历很宝贵。也许你会担心，等到你的潜力股变成绩优股，你就变成垃圾股，这其实是一种对未来不确定的过度恐惧，不仅表现在爱情和婚姻中，也表现在生活的其他方面，但是反过来这也可以成为我们更好的发展和关爱自己的动力，只有积极地维护好今天，享受今天，才会迎来更好的明天。

我们的物质生活越来越好了，但是年轻人却越来越不愿意吃苦了，把吃苦等同于消极，等同于受罪。在选择职业的时候，总是担心选择失误，往往因此错失很多机会。工作是这样，爱情也是这样。其实，即使选择错了，经历了失败的痛苦，你才能明白自己真正想要的是什么，也更能积聚坚持的毅力。选择中遇到的困难和风险是推动前进的动力，是成长的机缘。先有行动，才有机会，行动会带来更多的机会和可能性。

未来取决于今日，幸福总有一种可能。

浪漫中的幸福，本色至纯

在平淡的日子里，用心地咀嚼那一份彼此的感动和岁月的真情，并佐证浪漫走过的痕迹，就是幸福。

傍晚时分，雨后初晴，美娜散步到天桥，看见一个小伙子正吃力地背着个姑娘上天桥。美娜赶忙过去帮着搀扶，问小伙："她生病了吧？我帮你叫车送医院。"

这时，姑娘忽然大笑起来，忙向美娜道歉："对不起，谢谢您，我们在玩游戏。"

"什么?"美娜尴尬中有些愠怒。

于是姑娘告诉美娜,今天是他们结婚3周年纪念日。"他没有钱,我不要他买什么礼物,但他有力气,所以要他背我上天桥。才背了3个来回就累了,将来结婚30周年,我让他背30个来回,累死他那把老骨头……"姑娘又趴在小伙子肩上开心地笑了起来。

对于爱情,很多人一直执着于自己内心的一个标准:爱情是一种浪漫的体验。这种体验使任何事物在恋爱者的眼中,都是一种美好。爱情中不能没有浪漫,没有浪漫,也就没有了爱情,然而,爱情的浪漫毕竟只是一种主观的很缥缈的东西,总是依赖于一种现存的事情上,没有现实做基础的爱情是不牢固的,总有一天泡沫破了,梦也就醒了。

其实,真正的爱情,会让人感到精神的满足。在爱情中,女孩往往比男孩更容易感情用事,更倾向于追求浪漫的情节而忽视现实因素。

浪漫和现实是一对恋人,他们两人如胶似漆地相爱着,真是"一日不见,如隔三秋"。一次,为了考察现实对自己的忠诚程度,浪漫问:"你到底爱不爱我?"

"12分的爱你!"现实回答。

"那假设我去世了,你会不会跟我一起走?"

"我想不会。"

"如果我这就去了,你会怎样?"

"我会好好活着!"

浪漫心灰意冷,深感现实靠不住,一气之下和现实分开了,去远方寻觅真爱。

浪漫首先遇到了甜言,接着又碰见蜜语,相处一年半载后,均感不合心意。过烦了流浪的日子,浪漫通过比较,觉得现实还是多少出色一些,就又来到现实面前。

此时,现实已重病在床,奄奄一息。

浪漫痛心地问:"你要是去世了,我该咋办呢?"

现实用最后一口气吐出一句话："你要好好活着！"

浪漫猛然醒悟。

其实，真正的浪漫，来自对生活的真实面对，来自对爱人的真心付出。现实不肯用虚无的甜言蜜语来欺骗浪漫的感情，这正是发自心底的真爱，也是对女孩和自己人生的负责。

真正的浪漫从不是浅薄的、程式化的甜言蜜语，也不是死去活来的心灵激荡；它更应该是一种现实的温馨与美好，是一种真心实意、全心全意为对方着想的关爱——这才是爱情的真谛！

还记得有一首歌叫《最浪漫的事》吗？"我能想到最浪漫的事，就是和你一起慢慢变老；一路上收藏点点滴滴的往事，留到以后坐着摇椅慢慢聊……"其实真正的爱情只有蜕变成亲情才能永存，浪漫只能是一时的风花雪月，再美丽的爱情到最后也要踏踏实实过日子。人生短暂，几十载光阴，如梦般飘逝无痕，如果能和自己心爱的人，在余晖下，相依携手看天边的浮云，看飘零的枫叶，这何尝不是人世间最大的幸福呢？就像那对背着爱人上天桥的恋人一样，真正的浪漫，并非全是烛光晚餐加玫瑰香槟。浪漫有时只是一种至真至纯的表达，并不需要过多的物质条件。

有些时候，浪漫不是华丽语言的伪饰，它需要我们用行动来表达。浪漫，从来都是一种相濡以沫的支持，或是风雨中一起面对的豪情。浪漫，本色至纯！

支持和理解是幸福婚姻的基石

泰戈尔说："爱，是理解的别称。"在日常人际交往中，人与人之间的相互理解就是彼此沟通的重要因素。那么相濡以沫的夫妻之间就更需要理解。

夫妻间应该是互相了解的，是知音。只有你了解了对方，才能对其体贴、关怀，并辅佐其上进。

可见，理解是夫妻间的黏合剂。夫妻之间相处要是连理解与体谅都没有，这种婚姻只会是很痛苦和寂寞的。当然，我们这里所说的了解，不单是指了解爱人的一般情况，而是指对爱人的内心世界的感知。因为，人的行动是受思想支配的。你了解了爱人的思想，才能理解他（她）的行动。只有夫妻间彼此体谅与关怀，才会换来夫妻间更加深沉的爱。

有这样一对夫妻，妻子当上了经理以后，每天都是早出晚归，有时连星期天也不休息。所以，大部分家务活都落在了丈夫头上。一次，妻子对丈夫说："你看，我这一当经理，把你累坏了，以后，我尽量早回来做饭。"丈夫说："我知道，你担负经理一职，想把工作干好，家务事我多干一些，完全可以，你不必挂心。等你工作熟悉了，再多干些家务。"妻子听了非常感动，忙说："你真能体谅人，这样支持我的工作，我一定会把工作做好。"

事实上，在现实生活中不管是男人还是女人，都不容易。男人以事业为重，成天在外拼搏。现在的社会，竞争残酷，压力大，稍不留神就会被人挤下来，甚至一败涂地，可以想见，哪一个女人都不希望自己的丈夫是这样的下场。因此做妻子的要理解、要宽容、要容忍他们的偶尔的懒惰，容忍他们的不解风情。

当然，男人也要理解自己的妻子。女人更不容易，除了每天和男人一样在外面工作，承受压力外，还要顾家，还要管孩子。一日三餐要做，大人、小孩的衣服要洗，孩子的功课要辅导，屋里屋外要打扫、要收拾。其中滋味，非男人所能体会，其身心劳累，非男人所能比及。所以做丈夫的应该看到这一点，而不要熟视无睹，不要认为是理所当然，而要力所能及地多帮妻子干家务，要适时地给以温柔的言语，温暖那颗疲惫的心，要爱惜自己的妻子，要让她尽可能地开心。

可见，只要夫妻间能够互相体贴与理解，两人间的感情就会更加融洽，婚姻生活也会更加美满、幸福。